物理太有趣了

有趣的物理实验

郭炎军◎著　梁红卫◎绘

天地出版社
TIANDI PRESS

前 言

世界那么大，用物理去看看吧

亲爱的小读者，你一定是带着许多的问题，才来翻开这套书。这些问题，源于你对这个万千世界的好奇。

比如：这个世界如果不是由仙人变出来的，那它是怎么出现的？

我们呼吸的空气到底由什么组成？雨雾云雪到底是如何形成的？

我们抬头仰望的星空，到底离我们有多远？

太阳如何给予万物生长的能量？

气球为什么能飞上天空？

汽车为什么能跑？

……………

问题太多，那有没有一些工具，能帮助我们探求到更多的答案，让我们更好地理解这个世界，更友好地与这个世界相处？有，物理就是这些工具中的重要一员。

物理是一门不仅有趣，而且非常有魅力的学科。你亲眼见过、听说过或者闻所未闻却真实存在的种种现象，很多都可以从物理的角度来思考，并用物理定律来解释。物理不仅可以解答我们关于这个世界的大多数疑问，生活中人们还应用它来解决层出不穷的问题。

因此，我特意编写了这套《物理太有趣了》。全套书分为《好玩的物理知识》《有趣的物理实验》《生活中的物理》三册。每一册各有侧重，但都趣味无穷。

在《好玩的物理知识》里，你将遇到很多有趣的伙伴——物质、能量、声、光、电、磁、热、引力、力与运动。生活中，我们睁开眼睛就能看到的光，我们伸出双手能感觉到的热，我们双耳听到的声音，我们迈开脚步就能感受到的力和运动……这些都只是它们在施展小小神力。循着它们往下看，往下思考，你就能发现更多更具体的物理知识和原理，也就能走近更多真相。

兴趣能打开探索之门，体验会开启收获之锁。在《有趣的物理实验》中，你会接触到很多有趣的物理小实验。你知道声音也能画出美丽的图案吗？你想不想用简单的材料做出生动的立体投影？你想不想在玻璃瓶中做一朵"云"，来揭示云雨形成的奥秘？……只需要利用生活中的常见物品，你就能做各种让你意想不到的实验。你可以边做边玩边学，动手去创造奇妙的物理现象，揭秘其中的物理原理，也可以利用物理知识来探索解决生活中各种问题的方法。

物理贯穿于我们的生活中，与生活相互交融。《生活中的物理》从衣食住用行等日常生活的角度入手，带我们一起发现那些生活中习以为常的现象背后，到底蕴藏什么样的物理原理。你知道雨衣为什么能遮雨吗？高压锅为什么能快速烹饪？运动员为何能在冰上起舞？……除了这些，还有许多你压根没有想过的奇怪问题，比如，如果空调坏了，冰箱能当空调用吗？飞走的氢气球到底能飞多高？人为什么不会从倒悬的过山车上坠落？……这些从生活中各个层面精选的问题，也会加深你对物理概念与原理的理解。

在人类了解自然、征服自然、按自然规律办事的过程中，物理起着至关重要的作用，我们可以借由物理来了解世界万象，体验世界的奥妙。打开这套书，一起探索世界吧！

郭炎军

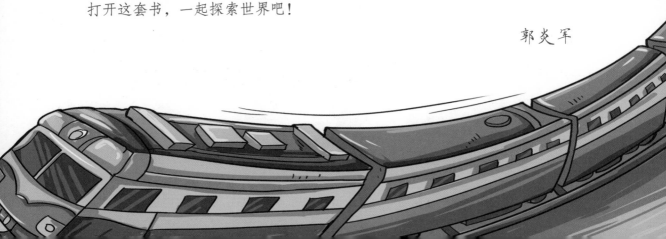

目录

翻开这一页，
欢迎来到浩瀚
又奇妙的
物理世界！

惊人的陀螺仪实验：
惯性定律与陀螺原理

陀螺是很多人喜欢的玩具。无论是用鞭子甩的陀螺，还是电动陀螺或者发条陀螺，它们都有一个特点，只要一发动起来就能旋转很久。把陀螺安装在一种框架装置上，让它的自转轴有一定的转动自由度，就形成了陀螺仪。陀螺仪具有陀螺一样的稳定性，它甚至能够在

旋转、跳跃时都不倒。今天我们就来
用实验测试一下陀螺仪的性能，并来
了解陀螺与陀螺仪的秘密吧！

看我的绝招——天外飞仙！

陀螺仪的表演

即使被抛起来，陀螺仪也在转动

实验难易指数：★★

请准备好一个陀螺仪，一条细线。

先来启动陀螺仪：将线从自转轴的小
孔中穿入，然后拧动飞轮缠绕绳子；绳子
绕完后，左手握住框架，右手迅速抽拉绳
子，飞轮就快速旋转起来了。

就算是这样，我也可以保持旋转！

将启动后的陀螺仪放在平滑的平面
上。看！陀螺仪是不是在自如、顺畅地
转？再拿住陀螺仪的自转轴，将陀螺仪立
在手心。即使发生这样的变化，陀螺仪还
是在转动。那么，试着将陀螺仪抛起，再
用手心接住，你是不是觉得很险？不过，
陀螺仪落在手心后依然在旋转。

看我的空中走钢丝！掌声呢？

再拿出线，对折后形成一个圈，放在左手。右手拿住陀螺仪的框架，
然后将自转轴的一端往线圈上挂，稍微稳定后右手松开。在自转轴几乎
呈水平状态的情况下，飞轮仍然在转。奇妙吧，像是在玩"天外飞仙"！

最后，我们将线放在桌面，拿住陀螺仪的框架，将陀螺仪的支点按
在线上；对准后，左手按住框架并同时拿起线的一端，右手再拿起线的
另一端，将线的两端水平拉起。注意动作要慢，要保持陀螺仪的稳定。看！
陀螺仪是不是玩起了"走钢索"？

陀螺效应——高速旋转的力量

陀螺仪为什么有这样超凡的平衡和稳定能力？这还要从陀螺说起。

按照惯性定律，旋转的陀螺的每一部分在运动的时候，都会努力使自己停留在这个与自转轴相垂直的平面上。与此同时，自转轴也一直在努力保持自己的方向。旋转的物体有保持其旋转方向（旋转轴的方向）的惯性，这就是陀螺效应。高速旋转的陀螺有抗拒方向改变的惯性，这是它保持稳定的原因。

利用高速旋转来保持稳定的陀螺原理，在生活中的应用比比皆是。你注意过自行车的两个车轮吗？它们就像是两个陀螺，一旦转起来，车轮会围绕车轴不停地旋转，并一直保持原来的转轴方向，使车子保持平衡。还有，美丽的芭蕾舞演员在台上表演的时候，为了保持自身的平衡，总是用脚尖着地像陀螺那样不停地旋转。同样，由于在高速旋转，炮弹和枪弹在飞行时才会保持高度的稳定。

陀螺效应的一个很重要而广泛的应用就是陀螺仪。

我保持平衡的秘诀就是——像陀螺那样不停旋转！

正在舞台上跳舞的芭蕾舞演员

稳稳当当的身体

陀螺仪的神奇是怎么来的?

我们经常见到和说起的陀螺仪,就是一个简单的机械装置,里面由一个陀螺转子与旋转轴相连,外围是由两个支架组成的。在转子高速转动的时候,陀螺仪通过灵活转动的万向支架来自我调节,使得转子保持原有的平衡。转动的自行车车轮就构成了一个陀螺仪,只要轮子一直在转动,自行车就不会倒下。许多动物也能像陀螺仪一样,完美地保持平衡,比如,鸡头就是一个非常完美的"天然陀螺仪"。当你抱住一只鸡时,无论你怎样晃动鸡的身体,鸡头总是能保持稳定。

陀螺仪可以用来传感与维持方向,最早被用在航海与航空领域。飞机的倾斜角度就是陀螺仪中陀螺的轴向和飞机倾斜方向的夹角。陀螺仪还能帮助机长找回机身的平衡姿态。陀螺仪在航空航天、导航等高精度科技领域的应用也越来越多。

如今,人们的生活也离不开陀螺仪,比如手机、手机体感游戏、平衡车、VR 眼镜等都内置了陀螺仪。陀螺仪给人们的生活增添了无尽的便利和乐趣。

小贴士:"被中香炉"

在西汉的《西京杂记》中,提到了一种"被中香炉",又称"银熏(xūn)球",是世界上已知最早的常平支架装置。它内部有一个万向支架,可以保证里面物体的平衡状态不被干扰,所以,无论熏球怎样滚动,其中心的香盂(yú)都会保持水平状态。这种支架的原理与现代航空陀螺仪的三自由度万向支架相同。

设想到吧,在古代早就有这种技术了!

纹丝不动的硬币：
惯性的抗衡

你有没有看过抽桌布的杂技表演呢？杂技师快速地将桌子上的桌布抽掉，满满一桌的盘子、杯子和瓶子却好像纹丝未动。究竟怎样做才能抽出桌布而不让物品掉下来呢？要自己去练成抽桌布的本领实在太耗财费力，今天我们通过一个硬币小实验来揭秘其中的道理吧。

随桌布一起被扯下来的物品

抽不倒的硬币

实验难易指数：⭐

　　准备好数枚硬币和两瓶矿泉水，再裁出一条宽度比硬币直径略大的纸条。将纸条拉直，纸条的两头分别放在两瓶矿泉水的瓶盖上，再分别在上面放置两枚硬币。请你先猜一猜：如果伸出一根手指，快速敲击纸条的中部，纸条被扯出来了，那么硬币会不会掉落下来呢？

　　想归想，动手试试吧。对准纸条，用力往下"砍"。结果会怎么样？对，纸条顺利地被扯出来了，但是硬币竟然还在瓶盖上纹丝不动。那如

被瞬间敲击下来的纸条

果只各放一枚硬币再快速地敲击纸条呢？结果还是一样，纸条抽动的力量丝毫没有晃动硬币。

再增加点难度。将硬币立起来放在纸条上。接着同样快速地敲击。硬币有没有滚落下来？不，硬币还是稳如泰山。

惯性和摩擦力

为什么硬币哪怕是在立起来这种不稳定的状态下，还是不会随着纸条一起滚落呢？

第一，硬币毫无疑问具有一定的惯性，所以它们才能"不为所动"。物体保持静止状态或匀速直线运动状态的性质，称为惯性。惯性表现为物体对其运动状态变化的一种阻抗程度。比如，公交车突然向前开动，想保持静止状态，乘客的身体会相对公交车向后倾，与公交车运动的方向相反。实验中，硬币想保持静止的状态，防止随着纸条滚动出去。

第二，抽取纸张时，硬币移动的外力来自它与纸之间的摩擦力。这个摩擦力是定值的，它与硬币的重量、硬币和纸条的表面粗糙程度相关。在摩擦力一定的情况下，硬币能产生的最大加速度也是一定的。当你足够快地敲击纸条时，纸条移动的加速度大于摩擦力能提供的最大加速度，硬币的移动速度相对落后，重力加上惯性，因此硬币依然在矿泉水瓶盖上。

小贴士：惯性大小与运动状态无关

惯性是物体保持原来运动状态不变的性质。物体质量大，惯性就大。同一物体，静止时与运动时惯性一样大，运动快时和运动慢时惯性也一样大。下雪天汽车要低速慢行，是为了防止惯性带来的危害。但保持低速也不能改变汽车的惯性，低速慢行是为了保证当出现紧急情况而需要改变速度和方向时，不至于因为地面提供的摩擦力不足，难以改变它的运动状态，进而造成事故。

生活中的惯性现象

在日常生活中，惯性现象无处不在。踢足球时，足球有了初始的运动速度，哪怕没有后续的外力支持，足球也会由于惯性继续向前滚动，直到被外力所阻止，而阻碍（ài）足球运动的这个外力就是摩擦力。但如果是在没有空气的宇宙空间，哪怕没有了火箭的推力，由于惯性作用，宇宙飞船也会以初始速度永远向前飞行。这是因为太空中没有空气产生的摩擦力。

惯性也会给我们的生活带来一些不便甚至危害。比如，你被石块绊了一下，或者不小心踩到一块西瓜皮，不管你的脚是在后面还是在前面，上身由于惯性仍保持原来的运动状态，所以，你可能会摔得很难看。乘坐汽车时，汽车启动或者突然加速时，你会不自觉地往后仰；而刹车时，你可能一时失足往前摔倒。

所以，面对惯性现象，你一定要小心哟。

汽车启动了，大家抓稳！

惯性现象也会给我们的生活带来一些不便

瓶子吞鸡蛋：
原来气压才是幕后英雄

　　鸡蛋可真是个宝：它是万能食材，可蒸可煮、可煎可炸，营养丰富又味道鲜美；据说，它还是达·芬奇磨炼画技的万能道具。这一次，我们邀请鸡蛋来做我们的魔术嘉宾，用它和瓶子一起做个魔法实验吧。

瓶子吞鸡蛋

实验难易指数：★★★

我们的魔法道具有：玻璃瓶（瓶口略小于鸡蛋）、沙子、打火机、纸、镊（niè）子、煮熟的鸡蛋。

将鸡蛋剥壳，放在一边备用。在玻璃瓶的底部铺一点沙子。将纸卷一卷（便于放入瓶中），用镊子夹住纸，用打火机将纸点燃，并迅速放入瓶中。然后将剥好的鸡蛋放在瓶口，之后就静观变化。你会发现，纸一会儿就在瓶中烧完了。这时候放在瓶口的鸡蛋好像受一股巨大力量的驱使，在慢慢地挤入瓶口。这个景象看起来就像是瓶子在用力往下吸鸡蛋。对，瓶子"吞食"鸡蛋，就如同你在吸食一颗果冻那样。当你还在欣赏时，突然之间，鸡蛋完全落入瓶中，被瓶子一口给"吞"了。

瓶子为什么能够"吞"鸡蛋呢？一起往下看吧。

大气压的奥秘

瓶子"吞"鸡蛋的整个过程中，我们没有看到任何施力的情况。那么，是谁在不动声色地"运功"呢？答案就是我们看不见、感觉不到，却无时无刻不在对我们发生作用的大气压强。

我吸！

嘿嘿，我进来了！

哇，好厉害！

表演这个还要脱掉衣服吗？真羞人。

鱼生活在水中，我们生活在空气中。空气里面既有我们赖以生存的氧气，也包含许多其他气体。环绕地球的大气层上疏下密，总厚度达1000千米。由于空气受重力的作用，且空气又具有流动性，所以空气对浸在它里面的物体会产生各个方向的压强，这就叫大气压强，简称大气压或气压。

大气压力量很大，标准的大气压强大概等于10米高水柱产生的压强。如果你还不能理解这个压强之大，那我们可以回顾一下著名的马德堡半球实验。在这个实验中，人们将直径为30多厘米的2个铜制空心半球合在一起，然后抽出球中空气，使其内部成为真空。最后，人们用了16匹马才艰难地将2个半球拉开。

人们创造出不平衡的气压，巧妙地完成了很多事。比如，用塑料管吸瓶中的果汁。吸果汁时，吸管中空气被吸走，气压减小，瓶中的大气压与吸管中的气压形成了气压差，大气压将果汁压入嘴内。再比如，给钢笔灌墨水、抽水机抽水、用针管抽取药液等，都是这个道理。

小贴士：气压与天气

由于地球表面各个地方受太阳照射时的受热状况不一样，就会产生空气温度的差异。温度高的地方，空气膨胀上升，使地表的气压下降，形成低气压；由于上升的空气中含有不少水蒸气，水蒸气在上升过程中降温，水汽凝结，在高空中形成云，所以此地会有阴雨天。相反，温度低的地方，大气下沉，气压就升高，而高空气体下沉遇热不会出现水汽的凝结，所以该地往往是晴天。

气压和天气也有关系哦。

气温高的地方空气膨胀上升，形成低气压

气温低的地方，空气下沉，形成高气压

马德堡半球实验

被大气压紧紧压在一起的两个半球

气压悄悄用神功

再来回顾一下我们的实验，看一看气压是如何变化，又是如何对鸡蛋发生作用的吧。

当鸡蛋刚刚放入瓶口时，这时瓶子里的纸条还在燃烧中，瓶内气体遇热膨胀，瓶内的空气的压强也会随之增大。也许你不会注意到，这个时候鸡蛋会被向上推一点，瓶中的空气会跑出来一些。不一会儿，燃烧结束了，瓶中氧气被燃烧消耗，瓶内的压强会变小。这个时候由于鸡蛋与瓶口边缘紧密地接触在一起，阻挡了瓶子内外气体的交换，瓶内的压强无法抵抗外面的大气压，于是，大气压就会把鸡蛋压进瓶子里去。所以，真的是大气压在悄悄用神功哟！

用吸管喝果汁也是利用了气压

听话的潜水艇：
沉浮背后的秘密

你有没有一个海洋梦？也许是在海上漂流，也许是与数不清的海洋动物交流，又或是深入海底，探索沉船与宝藏。潜水艇能在海面行驶，也能潜入大洋深处，沉沉浮浮。一艘潜水艇会让你与海洋的距离更近。试着来做一艘听话的"潜水艇"吧！

一艘听话的"潜水艇"

实验难易指数：

潜水艇最大的特点是，它能潜水，并在海洋中自由沉浮。我

哇，海洋世界好酷啊！

们准备的材料很简单：一个瓶盖上有孔的小塑料瓶、一个能装入小塑料瓶的大矿泉水瓶、一个水杯和一些水。别小看这个小塑料瓶，它就是我们将要打造的"潜水艇"。

我们在小塑料瓶中装入一些水，然后盖上瓶盖，放入装了水的水杯中，便于进行悬浮测试。我们根据小塑料瓶在水杯中的位置，来调整瓶中水的多少。等到瓶中水量合适，使"潜水艇"能悬浮在水杯中接近水面的位置，测试完成，"潜水艇"就完工了。

现在来检验"潜水艇"的功能吧。将"潜水艇"放入没完全装满水的大矿泉水瓶中，拧好瓶盖。大喊一声"落"，同时双手挤压大矿泉水瓶，结果怎么样？看，"潜水艇"真的落入水中了！再大喊一声"起"，同时双手不再挤压大矿泉水瓶，这下会发生什么？瞧，"潜水艇"竟然真的浮起来了。

"潜水艇"为什么听话？

你已经完成了让"潜水艇"

好大的一条鱼，是我们的同类吗？

听话这个近乎魔法的实验，就连你自己也目瞪口呆了吧？那么该如何解释这个魔法呢？

还记得给"潜水艇"进行的悬浮测试吗？这步测试的目的是让"潜水艇"能悬浮在水中，也就是让它全部没在水中又靠近水面。阿基米德原理说，浸入液体里的物体受到向上的浮力，浮力的大小等于它排开液体所受的重力。"潜水艇"的悬浮状态说明，"潜水艇"的体积是确定的，它所受的浮力是不变的。使其沉、浮就决定于其自身重量的变化。

当"潜水艇""投入使用"时，你的魔法咒语其实是个障眼法，真正起作用的是你的手捏、放大矿泉水瓶的动作。你口中喊着"落"，手却紧压大矿泉水瓶，大矿泉水瓶内液体所受到的压强会按照原来大小向各个方向传递，而水的压力同样影响"潜水艇"，水从瓶盖的小孔挤入"潜水艇"，使"潜水艇"和其中的水的总重量大于浮力，"潜水艇"开始下沉。在你喊"起"的时候，大矿泉水瓶被松开，瓶中水的压力被撤除，小塑料瓶内的空气膨胀，原来被挤入的水迅速撤出，"潜水艇"的总重力又重新等于浮力，"潜水艇"就浮了起来。

现实中的潜水艇道理一样吗？

现实中的潜水艇也是应用了阿基米德原理。潜水艇中有多个储水箱，就像我们实验中"潜水艇"还留有一些未装水的空间。潜水艇下潜时，就要使自身的总重量大于浮力，所以要向水箱中注水。若要停在某个深

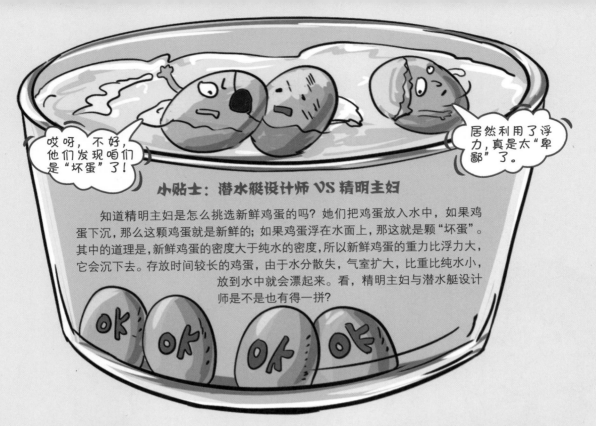

小贴士：潜水艇设计师 VS 精明主妇

知道精明主妇是怎么挑选新鲜鸡蛋的吗？她们把鸡蛋放入水中，如果鸡蛋下沉，那么这颗鸡蛋就是新鲜的；如果鸡蛋浮在水面上，那这就是颗"坏蛋"。其中的道理是，新鲜鸡蛋的密度大于纯水的密度，所以新鲜鸡蛋的重力比浮力大，它会沉下去。存放时间较长的鸡蛋，由于水分散失，气室扩大，比重比纯水小，放到水中就会漂起来。看，精明主妇与潜水艇设计师是不是也有得一拼？

度，就要泵（bèng）出水箱中的部分水，使重量和浮力相等。而完成任务想要上浮时，就要排出更多的水箱中的水，使潜水艇重量小于浮力。你发现了没有？注水和泵水，就如同你捏与放的动作。

看，你既学会了潜水艇的小魔法，又了解了潜水艇的原理，是不是离你实现海洋梦想又近了一步呢？

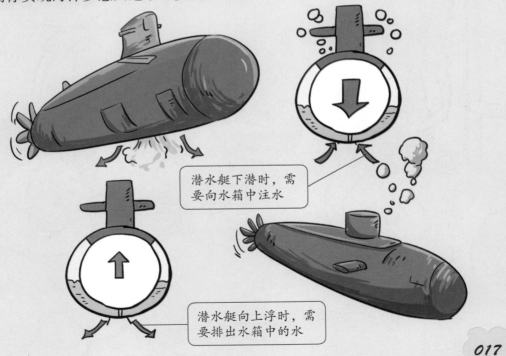

潜水艇下潜时，需要向水箱中注水

潜水艇向上浮时，需要排出水箱中的水

超级泡泡：
认识水的表面张力

　　泡泡轻盈透亮，流光溢彩，又能漫天飞舞。吹泡泡可能是所有大朋友小朋友都喜欢的游戏了。一些泡泡表演艺术家将娱乐和艺术创作糅合到吹泡泡中，做出了能把人罩起来的大泡泡、泡泡圈、烟雾泡泡、多层泡泡等多形态泡泡，让我们更能领略吹泡泡的趣味和美感。今天，咱们也来创作几种泡泡吧。

超级泡泡大制作

实验难易指数：

　　我们需要准备的物品包括：洗洁精、水、甘油、白糖、容器、搅拌棒、吸管、毛根（扭扭棒）。

　　先来配制一份超级泡泡液。将一份洗洁精、三份水、两份甘油和半份白糖倒入容器，充分搅拌好备用。按这个配比制作的泡泡液能吹出更大、更持久的泡泡。

　　在光滑的桌面上抹一些泡泡液！用吸管蘸点泡泡液，先吹一个大泡泡，再用吸管在里边吹小一点的泡泡，这就是"泡中泡"了。数数看你能吹几层。

　　接下来做一个异形泡泡。你可以用毛根直接扭出一个正方体框架。做好后，将框架在泡泡液中浸润，注意每个面要逐一浸润，每次都要在液体中摇晃几下。完成后，将其取出。这时你会发现，正方体的每个面都已经有一层泡泡皮了！稍微抖动一下，框架的中间竟然会出现一个小正方体。用吸管插入泡泡中间吹气，正方体泡泡还能变大。看，是不是很神奇？

水的表面张力和泡泡液的秘密

水的表面有一种互相拉着的力使其表面尽量缩小，这种力叫作水的表面张力。清晨凝聚在叶片上的露珠，水龙头下一滴一滴往下滴落的水滴，水黾（mǐn）能够在水面一跳一跳地滑行，都是水的表面张力的体现。

泡泡是由于水的表面张力而形成的。水面的水分子间的相互吸引力比水分子与空气之间的吸引力强，所以通常情况下，水分子是粘在一起的，不可能生成泡泡。但如果在水中加入洗洁精，洗洁精能降低水的表面张力，使其收缩的趋势减小，这样就能吹出泡泡来了。表面张力的存在使得这泡泡液膜像一张弹性膜，呈球形而且被拉得很大而不破裂。

当然，为了让泡泡大且持久，我们还加入了甘油和白糖。甘油具有收水性，它能和水形成一种较弱的化学黏合，从而减缓水分的蒸发，使泡泡维持得更长久。白糖可以增加水的黏稠（nián chóu）度，使泡泡那层薄薄的液体膜不易破碎，并且紧紧地裹住里面的空气。

现在你明白为什么我们能创造出这样的超级泡泡了吗？

什么？你说水也有力？我只是一只小虫子，不懂这些啦。

利用水表面张力在水上自由滑行的水黾

水面高出杯口，水却没有流出来

回来，不准出去！

我们要出去！

原来是水表面张力在起作用

表面张力的应用

　　不仅是水，所有的液体都有表面张力。用牙膏刷牙时，你可能会发现这样的现象：牙膏沫落在水面上，会很快地向四周散开。这是因为水的表面张力比牙膏沫的表面张力大，表面张力大的水表面收缩，表面张力小的牙膏沫表面被拉大、抻开。人们也是利用这个原理来帮助清洁口腔的。口中的牙膏沫会在水的表面张力作用下充斥整个口腔，帮助去除口腔内的污物。

　　衣物上黏附的油污及皮肤中分泌的油脂就不易被水润湿，不好洗净。但是，如果在水中加入洗涤剂，洗涤分子可吸附在水的表面上，使水的表面张力大大降低，水就容易吸附、扩展在衣服的表面上，甚至还能渗透到纤维的微细孔道中，以帮助清洗油污。

原来牙膏里面有这么多学问！

拱桥屹立千年的秘密：

承载量的较量

你知道赵州桥吗？它建于隋朝，历经1400多年的历史，依然保存完整。赵州桥是古代单孔敞肩坦弧石拱桥。拱桥形似弯月，形态优美，历来被人们比喻为天上的彩虹。作为五大基本桥型之一的拱桥，它优美的曲线中蕴藏着强大的力量。今天我们一起来做一个实验，揭开拱桥的秘密。

搭建拱桥

实验难易指数： ★★★★★

准备一张长约 60 厘米、宽约 20 厘米的大白纸，再准备一个长约 60 厘米、宽约 30 厘米的木板，十几个纸杯，一卷胶带，还有几枚图钉和一些小石子。

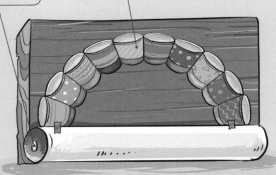

用图钉固定好纸筒

搭建好的纸杯拱桥

将大白纸卷成直径 3 厘米、长 60 厘米的纸筒，然后将纸筒横放在木板的长边上，并用图钉固定。取出两个纸杯，杯口朝外，横放在纸筒的两端，杯身紧贴纸筒与木板的夹角，并用胶带固定。接下来，把其他的杯子一个挨一个排放在木板上已有的两只纸杯之间。杯子都放稳后，就形成了一个弧形，拱桥就做好了。你可以用彩笔或黏土装饰拱桥。

将木板立起来，然后试着在拱桥上放一些重物，比如往中间的纸杯中放入小石子，不断地增加重物的重量。拱桥的负荷越来越大，你的拱桥还稳固吗？如果将中间的杯子移去，你的桥会不会塌呢？

实验小贴士

★ 使用图钉时应注意安全，可请成人协助或在成人的监护下进行。

蚂蚁超喜欢的食物

这桥什么时候才塌呢？

拱形承重的秘密

在竖直平面内以拱作为主要承重构件的桥梁被称为"拱桥"。拱是一种弧形结构。生活中最常见的拱形结构就是鸡蛋。俗语说"壮汉壮汉，握不破鸡蛋"，这是真的吗？试一试，将鸡蛋放在手心，整只手握住鸡蛋，然后用力去握，鸡蛋真的会完好无损。这是为什么呢？

原来，鸡蛋壳的两头是拱形。拱形承载重量时，能把压力向下向外传递给相邻的部分，拱形各部分相互挤压，结合得更加紧密；同时，这份压力还会分散到各个部位，从而均匀受力。小小的鸡蛋壳为我们展现了以最少的材料造出最大的空间，并承受很大压力的大自然杰作。不过，鸡蛋再抗压，你也不要"以卵击石"，因为一旦鸡蛋受力不均匀，某个点上受力过重，它就会裂开。

根据均衡受力原理，人们设计出了拱门、拱形窗、安全帽、电灯泡等。薄薄的电灯泡是不是看起来就很脆弱，但实际上它和鸡蛋壳一样坚固。一个直径10厘米的真空灯泡，它的两面可以承受一个体重为75千克的成人产生的压力。很多汽车的车顶也采用了拱形结构，不仅美观、增强空间舒适度，更重要的是可以提高车身的强度，受撞击时车身不易变形。还有一些建筑物也采用了壳体结构，比如北京国家大剧院、悉尼歌剧院、北京火车站等。

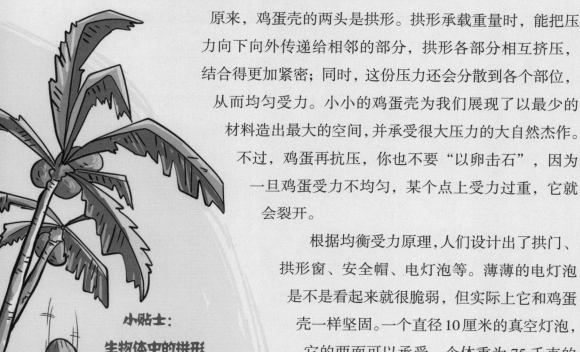

小贴士：

生物体中的拱形

人体有很多的拱形结构：人的头骨近似于球形，能很好地保护柔软的大脑；拱形的肋（lèi）骨护卫着内脏；人的足骨构成一个拱形——足拱，可以更好地承载人体的重量。在自然界中，贝壳、乌龟的壳、蜗牛壳等，都有拱形结构以保护动物柔软的身体。另外，各种卵近似圆形，十分坚固，能有效保护幼小的生命。

再探赵州桥

桥梁设计中经常会用到拱。现在我们来好好说说隋代的石拱桥——赵州桥。

赵州桥主拱由 28 条石券并列组成。构成拱桥的石块，通过挤压两边的石块获得了反作用力支撑自己的力量。当桥上有重物时，拱可以把负载的压力逐一向外向下推，推向桥梁两端的桥台。如果桥台能抵住拱形的外推力，桥就能承受巨大的压力。

支撑赵州桥的还有另一

灯泡怎么踩不碎呢？

再怎么用力都是白费劲啦。

好孩子千万不要学哦

采用拱形设计的灯泡，两面可以承受体重为 75 千克的成人产生的压力

个关键结构：腰铁和铁拉杆。同一个拱圈中，相邻的两块条石用腰铁镶嵌，条石两两相连，构成完整的拱圈。铁拉杆横穿 28 条石券，将所有石券连接成一个整体。通过腰铁、铁拉杆，赵州桥形成一个完整的整体，更加强大而坚固，同时对桥台的水平推力也极大降低，保证了整个桥梁的安全性。

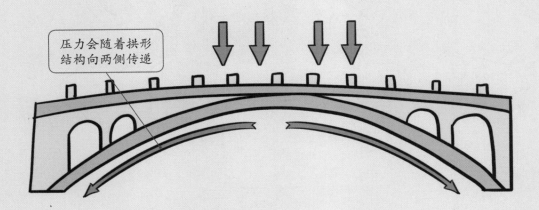

压力会随着拱形结构向两侧传递

降落伞的王者比拼：
空气阻力的驾驭高手

你有没有想象过有一天，自己挂着降落伞从天而降，就像一朵白云缓缓飘下？跳伞惊险刺激，降落伞可是一个神奇的存在，可以载着人从空中安全着陆，满足人飞天的梦想。不过，你知道降落伞为什么有这样神奇的能力吗？什么样的降落伞才是伞中王者呢？一起来做个实验吧！

降落伞的王者比拼

实验难易指数：★★★☆☆

在实验前，先准备几个塑料袋，一大一小两个碗，一卷细绳，一卷胶带，一把剪刀和几个木头衣夹。

先来做1号大降落伞。将大碗扣在塑料袋上，依碗口画圆，再裁剪出来。剪出胳膊长的四条细绳，用胶带将每条细绳的一头以等距一一粘在裁剪好的圆塑料膜的边上。把四条细绳的另一头系在一起，并在下端绑一个木头衣夹，一个简易的降落伞就做好了。

再依上面步骤做出同样的一个大降落伞，这次你需要在塑料膜上戳出几个小洞，我们将它命名为2号带洞降落伞。我们将1号和2号进行比试，你发现了吗？2号带洞降落伞会更快地落下来。

别急，实验还没有结束。接下来再来用小碗依照上述的步骤，做出3号小降落伞。将1号和3号进行比试，3号比1号下降得更快！你实验的结果是不是这样？

了不起的空气阻力

降落伞是怎样实现缓慢下降，从而将悬吊物安全送落地面的呢？它利用的是空气阻力。当空气阻挡或试图减缓某个物体的穿行速度时，产生的力就是空气阻力。空气阻力产生的原因是运动的物体与空气中的各种气体发生摩擦。

一片树叶轻轻地飘落地面，正是因为空气阻力作用于叶子的表面，减缓了它的下落速度。而一块石头从山上坠落，速度是如此之快，是因为石头的重力要远远大于空气阻力。

降落伞利用的便是空气阻力原理，它在降落时可以充分打开，起

喂，你怎么比我下落得更快？

那是因为我的重力远大于我受到的空气阻力啊。

到减速器的作用，能极大地保护下落人员的生命安全。降落伞不仅应用于一些特殊的军事演练当中，也应用于一些极限运动中，甚至有的飞机上也配备了降落伞。有些赛车没有刹车系统，停车时还要借助降落伞。降落伞也可以帮助宇宙飞船软着陆。

小贴士：自行车运动与空气阻力

你有没有注意到，自行车运动员骑行时通常身着无缝紧身衣，头戴波纹状头盔，骑的自行车有流线型的车架，并且都采用了蹲伏的骑行姿势。这是为什么呢？主要原因就是要减小运动员比赛时的空气阻力。不仅如此，公路自行车运动员还会通过刮掉腿毛来减小空气阻力。

刮掉腿毛，感觉凉飕飕的。

怎么设计出王者降落伞？

什么样的降落伞性能更强大，可以称为降落伞中的王者呢？这还要从降落伞的结构说起。降落伞分为伞面、伞绳和悬吊物。在实验中，塑料膜充当的是伞面，细绳为伞绳，衣夹就是悬吊物了。

降落伞通常有一个非常大但很轻的伞面，它增加了受力的表面积，而又没有增加什么重量。降落伞的伞面越大，空气阻力就会表现得越明显，降落伞的性能就越好。相反，要减小空气阻力，可以减小受力面积。比如，飞机的机身之所以设计成流线型，头圆尾尖，就是为了减小受力面积，以减小空气阻力。实验中，3 号小降落伞，伞面小，罩住的空气少，受到的空气阻力小，因此下落的速度比 1 号要快一些。

此外，伞面的透气性越好，受到的空气阻力也越小，所以 2 号带洞降落伞降落得也比 1 号要快一些。

降落伞伞面的大小与其透气性都会影响其性能，这在我们的实验中都体现出来了。另外，伞绳越短，下降速度越慢；悬吊物越重，下降速度就越快。不知道你能不能通过实验检验出来呢？

纸杯直升机：
弹力的神奇风采

生活中，很多人都喜欢玩蹦床。蹦床用它强大的弹力，满足我们飞翔的梦想，带给我们全身心的放松。其实，生活中，我们离弹力很近。弹簧（huáng）、橡皮筋、海绵还有其他许多的弹性材料，总是在我们生活中扮演着特别神奇的角色。今天，让我们用几根橡皮筋来实现飞翔的愿望，并从中一睹（dǔ）神奇弹力的风采。

喂！你们注意点，要撞到鸟了！

哈哈，蹦床能让我们飞起来！

弹力能做到的事情可不止这些哦。

哎哟，好疼，玩蹦床一定要注意安全！

纸杯直升机

实验难易指数：★ ★ ★ ★ ☆

准备一把刀，一个纸杯（高约8厘米），一根用完的水笔笔芯，一个白卡纸的包装盒，两根铁丝，一些橡皮筋，一个小口径的锥子，一瓶502胶水，四根9厘米长的细木棍。

第一步：制作机身和螺旋桨支架。将笔芯截成0.5厘米、2厘米和4厘米长的三段，备用。在纸杯底部的中心位置画个点并剪出一个洞，然后在四周等距画四个点，备用。把四根细木棍的一头聚拢，并把2厘米长的笔芯段放在中间，一起用胶水粘住，螺旋桨支架就做好了。将四根细木棍的另一头用胶水分别固定在纸杯底部的四个点上，机身雏形制作完成！

第二步：制作螺旋桨和机翼。用白卡纸剪出一对13厘米的流线型螺旋桨，以及一对9厘米长的机翼。在4厘米长的笔芯段两头纵向开一个切口，平分横截面，两个切口在一个水平面上，且深度都为1厘米。将两片螺旋桨分别插入切口中，用胶水固定；双手各执一个螺旋桨叶片，同时朝不同方向掰一掰。

第三步：固定螺旋桨。将螺旋桨平放在桌面，用锥子在笔芯段的中间垂直开洞，穿透笔芯段。取一段铁丝，将铁丝先穿入洞中，再穿入0.5厘米长的笔芯段，接着穿过螺旋桨支架中间的笔芯段，然后将铁

小贴士：不老实的橡胶分子

橡皮筋拉长后又能缩回去，这是橡胶分子的作用。橡胶分子十分爱动，还喜欢互相拥挤着，不喜欢排成整齐的队列，只有在外力干涉的情况下，比如用力拉橡皮筋，橡胶分子才一个挨一个排好队。但是，它们并不老实，总要求恢复"自由"，于是就会产生一种想恢复原状的力，这就是橡胶的弹性。如果外力一离开，橡胶分子马上就会缩回原来的状态。

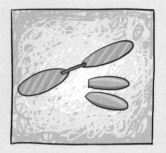

纸杯直升机制作流程

丝的两头用镊子各弯一个钩，在下面钩子上挂几根橡皮筋，让橡皮筋通过纸杯底部预留的洞口进入纸杯内部。接下来在纸杯的杯壁上戳两个以圆心对称的小洞，取一根铁丝，从一个洞口穿入，在杯子内穿过橡皮筋后，从另一个洞口穿出，最后将铁丝两头捏弯固定。

第四步，安装机翼，制作完成。将机翼用胶水安装在机身接近杯底位置。如果螺旋桨是左高右低，那么机翼就安装成左低右高的，这是为了保证螺旋桨与机翼的旋转方向相反。

直升机制作完成，现在来试飞吧。拿住机身，扭转螺旋桨数圈，然后静待直升机起飞。怎么样，你的直升机首飞成功了吗？

弹性和弹力的应用

弹性指的是物体受力弯曲或伸展之后恢复到原来形状的性质。有弹性的物体在受到外力作用时，形状很容易改变，在形状改变时它们会产生一个要恢复原来形状的力，这个力叫弹力。

我们生活中有很多地方能见到弹力。女孩用橡皮筋来扎头发，发条小青蛙上发条后放在地上就会"嗒嗒嗒嗒"地跳起。体育运动中，弹力的使用也非常广泛：跳水运动员利用跳板的弹力腾空、翻转并跳入水中；射箭运动员利用弓的弹力把箭射出去；撑竿跳高运动员利用竿子形变后产生的弹力让自己跳得更高。

弹簧是一种很常见的利用弹性来工作的机械零件。弹簧的用途非常广泛，从一支自动铅笔和圆珠笔，到常见的拉力器、弹簧秤、电灯开关、汽车的减震和缓冲器，都能看到弹簧的身影。

弹性势能与纸杯直升机

形变越大的物体，产生形变时积蓄的能量越大，我们把这种能量称为"弹性势能"。玩具上拧紧的发条，被弯曲的跳板和跳杆，被拉伸的弓箭，里面都积蓄了强大的弹性势能。

在这个实验中，我们用到了一种非常常见的弹性材料——橡皮筋。橡皮筋的一头固定在纸杯口的铁丝中心，另一端挂在可旋转的螺旋桨的金属钩上，转动螺旋桨数圈后，被扭了无数圈的橡皮筋发生了很大的形变，它极力想恢复原来的形状，身上积蓄了大量的弹性势能。当我们松开手时，弹性势能被释放，并迅速转化为螺旋桨的动力，所以螺旋桨飞快地旋转，让直升机从手中起飞。

跳高运动员利用竿子的弹力，让自己跳得更高

精彩的汲水接力：
魔力虹吸现象

鱼缸里的水该换了。你是怎么解决这个问题的呢？是先把鱼捞出来，然后搬起整个鱼缸倒出陈水吗？如果是个小鱼缸还好说，要是大鱼缸你可得使出"洪荒之力"才能搬动。用容器把水舀（yǎo）出来？那也够费劲的。有人说他用一根软管就能解决问题，你信不信？今天我们来介绍一位了不起的朋友——虹吸。别说给鱼缸换水，就是来场汲（jí）水接力赛，对它来说也是小菜一碟。

精彩的汲水接力

利用虹吸原理，高位水杯里的水会从吸管口向上流，并从另一端流向低位水杯

我们完成了一次漂亮的汲水接力！

实验难易指数：★★☆

准备 10 个一次性塑料杯子，3 根弯头吸管，502 胶水，剪刀，3 种色素（或者用彩虹糖制作）。

取 3 个杯子，在杯壁离杯子底部三分之一处各剪一个吸管口径大小的小孔。把吸管通过小孔插入杯中，将吸管头弯向杯底。用 502 胶水把小孔和吸管的连接处粘好，注意不要留缝隙。接下来用色素调制出三杯颜色不同的水，每一杯的水面要低于小孔位置。

头对头、尾对尾摆出四摞杯子。第一摞正放一个空杯，第二、三、四摞分别放 2 个、3 个、4 个杯子，且最上面各放一杯之前调制的有色液体，杯中吸管的下端放入较低位的杯子。向最高的杯子里倒入清水，使液面高于小孔位置。你会发现，从最高的杯子开始，水流从吸管中流出，流入低位的杯子；当低位的杯子中的液体高出了吸管拐弯处时，其中的水开始流向再低一位的杯子；最终，水全部流到第一摞的空杯中。

当再向最高位的杯子加水时，只要水位高于吸管拐弯处，水就会往下流。看吧，借助三个吸管，杯子们完成了精彩的汲水接力。

魔力虹吸现象与它的利用

一根充满液体的倒 U 形的管道，如果将曲管开口高的一端置于装满液体的容器中，容器内的液体会持续通过虹吸管向更低的位置流出，这就是虹吸现象。

　　虹吸现象在生活中有很多运用，如虹吸马桶、鱼缸换水、用汽油桶给汽车加油、真空泵汲水、注射器汲水等。

　　利用虹吸现象是怎么做到给鱼缸换水的呢？将软管一头伸入鱼缸中，在另一头轻吸一下，水充满软管后迅速捏住。这时软管里充满了水，就形成了一个虹吸管。一切安置好后，打开水管另一头（出水口），虽然两边的大气压相等，但是来水端的水位高，压强大，推动来水不断流出。出水口中的压强小，此时将外侧的软管朝下，水就可以排出了。

我怎么没早点想到这个方法呢？

用虹吸管换水，简单又便捷

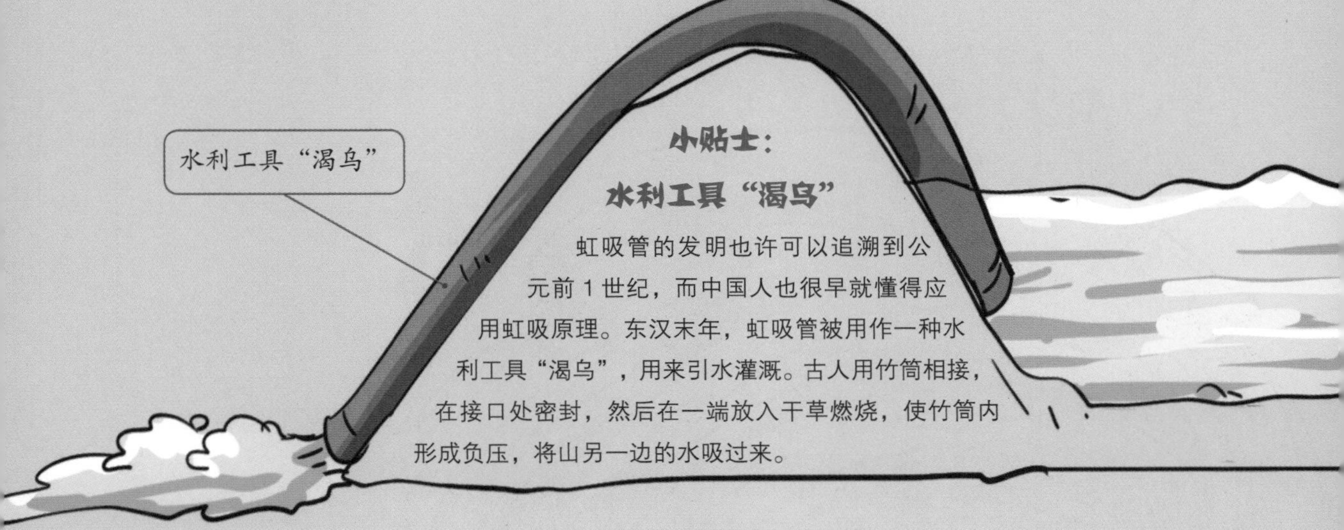

水利工具"渴乌"

小贴士：

水利工具"渴乌"

虹吸管的发明也许可以追溯到公元前1世纪，而中国人也很早就懂得应用虹吸原理。东汉末年，虹吸管被用作一种水利工具"渴乌"，用来引水灌溉。古人用竹筒相接，在接口处密封，然后在一端放入干草燃烧，使竹筒内形成负压，将山另一边的水吸过来。

同样，想把一辆有油车的油分给一辆没有油的车时，汽车司机通常也是用虹吸管从油桶中将油吸入没有油的车。人们还会用虹吸管把河里的水引到堤内灌溉农田。

揭开汲水接力的秘密

虹吸现象是利用水柱压力差实现的。加在密闭容器里液体上的压强，处处都相等。当出水管口低于引水管口时，两个管口位置就形成高度差，

小鱼儿乖乖，快点过来。

这段液体的高度差就会形成一定的压力差，这就是虹吸现象的动力源。松开手指后，打开出水口，液体就会在这个压力差的作用下发生流动，高差越大，液体流动越快。虹吸现象可以不借助泵而抽吸液体。

所以，在实验中我们会发现：杯子水位低于吸管拐弯处时，水不会从吸管里流出来，这是因为此时吸管内水面的压强和杯子内水面压强相等。当水位高于吸管拐弯处后，杯内水面压强大于吸管内水面压强，杯子里的水就会持续从吸管流出。当杯子里的水位和吸管水位等高时，两边压强一致，水不再流动。

水中龙卷风：
惊人的流体涡旋运动

你有没有听过或者看过龙卷风呢？龙卷风是一个强大的空气旋涡（wō）。它发威的时候，就像一根威力巨大的擎（qíng）天柱袭天卷地，它急剧旋转、力量强大，能把人、车，甚至建筑物突然抬起卷到空中。今天通过一个小实验来见识一下龙卷风，并且了解一下它背后的涡旋现象吧。

水中龙卷风

实验难易指数：⭐

准备两个大矿泉水瓶，大一点便于更好地观看水中龙卷风。再准备一截塑料管，比矿泉水瓶口直径略小一些（但需要能够正好塞进瓶口不会松）。

在其中一个矿泉水瓶中装满水，然后将塑料管一端紧紧插入瓶口，再将空矿泉水瓶紧紧套入塑料管的另一端。接下来一只手抓住两个瓶子瓶口与塑料管的衔（xián）接处，另一只手抓住装满水的矿泉水瓶瓶身把瓶子倒过来，然后逆时针或顺时针快速旋转瓶子，几秒后停下来观察，你会发现水会快速通过中间的衔接

超酷的水中龙卷风

管流入下瓶，这时就能看到一个水形成的微型龙卷风。

怎么样，你的水中龙卷风够不够强大呢？

涡旋运动

龙卷风其实是一种涡旋现象。涡旋，也叫旋涡。旋涡是两股或两股以上方向、流速、温度等存在差异的能量（如气流、水流、电流、磁流、泥石流等）相互接触时互相吸引而缠绕在一起形成的螺旋状合流。

生活中，经常能看到涡旋运动。水流遇低洼处或者不同温度和速度的水流相撞，会形成螺旋形涡旋。所以洗手的时候你会发现，水是打着漩儿从小孔中冲下去的；抽水马桶冲水时，水流也会产生一个漩涡然后冲下排水孔。气体、烟雾等旋转时也会形成螺旋形流向。比如汽车在行驶过程中，迎面而来的空气沿着车身来到汽车尾部，气流发生分离也会形成旋涡。

大气中的涡旋运动与天气系统的形成和发展有密切的关系，如大气

水打着漩儿从排水口冲下去

哇，生活中居然有这么多涡旋运动！

中的气旋、反气旋、台风、龙卷风等。

海洋中也有涡旋运动。湾流和黑潮，以及一些海底地形复杂的地方都可能出现涡旋。有人说，也许正是百慕大群岛附近的强大的涡旋运动才造成了众多失事事件。

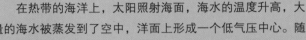

喔，好可怕的台风呢。

小贴士：台风的形成

在热带的海洋上，太阳照射海面，海水的温度升高，大量的海水被蒸发到了空中，洋面上形成一个低气压中心。随着气压的变化和地球自身的运动，流入的空气也旋转起来，形成一个逆时针（指北半球，南半球则是顺时针）旋转的空气旋涡，这就是热带气旋。热带气旋越来越强大，最后形成了台风。不过，从风力、风速来看，台风还远不及龙卷风。

龙卷风和水中龙卷风

龙卷风，是一种范围很小而风力极强的旋涡，破坏力极大，是一种可怕的自然灾害。龙卷风是积雨云的"杰作"。在夏季雷雨来临时，积雨云上下温差很大，会产生强烈的上升气流。上升气流遇到很强的水平方向的风时，会形成许多小旋涡，这些小旋涡逐渐扩大，最终形成大旋涡。大旋涡逐渐向下伸出，最终形成了漏斗状的龙卷风。由于龙卷风的中心气压低、风速大，它的吸力非常强大。它从陆地席卷而过时，会把地面的物体吸到空中，瞬间摧毁附近的林木、建筑物等，而它在海洋发威时，会把海水吸到空中，形成水柱，俨然是一台扫荡于天地间的巨型真空吸尘器。

水中龙卷风属于一种离心运动，当我们顺时针或逆时针摇晃瓶子时，水会随着瓶子的转动而旋转。当我们停止摇晃时，水转动撞击瓶身，瓶身会给水一个支撑力，继续支持其转动。

实验中的水中龙卷风与自然界中的龙卷风，形状上很相似，原理上也相似。龙卷风内部的气压非常低，有巨大的吸力，它将地面周边的物体吸入并做圆周运动。水中龙卷风也是这样，转圈摇晃瓶子后，瓶内的水做圆周运动，并在中心形成了低压区，导致水流将其周边的物体都吸到了中间。

玩转轻功水上漂：
非牛顿流体的妙用

一身飘逸长衣，双脚快速轻踏水面，在水面上来去自由。武侠片里常常出现这般"轻功水上漂"的场面。如果我说只要给水施加一点魔法，我们普通人也能做到这点，你是否相信呢？准备好实验材料，我们今天就来试一试这个魔法。请拭目以待吧！

遇强则强的非牛顿流体

实验难易指数：

准备玉米淀粉、大盆、杯子和水。在大盆中倒入 4 杯淀粉、2 杯水。将水和玉米淀粉充分混合，搅拌均匀。这样，非牛顿流体就制作好了。

接下来，测试一下流体的性能。

将流体静置一会儿，等表面平静下来。然后，双手端住大盆，快速摇动，你会发现盆里的流体没有像水一样快速流动。握紧你的拳头砸向流体表面，流体感觉起来像固体一样坚硬。

现在，用手指在流体中搅动，明明流体像液体一样柔软，流体表面却出现了豆腐渣一样的裂纹。接下来试试抓起一把流体，用手揉搓成团，流体却在手掌摊开的一瞬间从指缝中溜走了。

你看，非牛顿流体是不是既像液体又像固体？遇强则强，遇弱则弱。

如果你手头有一个弹力球，将它像保龄球一样在流体表面滚动起来，弹力球就玩起了"轻功水上漂"。如果有一水池的流体，那么，你也能在流体上玩水上漂了。你还能在流体上跳绳、跳舞，甚至玩后空翻。不过，你一定要快速地用大力，否则就会沉下去。

在非牛顿流体上甚至可以跳绳、跳舞

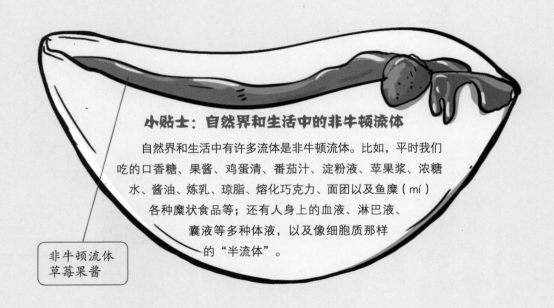

小贴士：自然界和生活中的非牛顿流体

自然界和生活中有许多流体是非牛顿流体。比如，平时我们吃的口香糖、果酱、鸡蛋清、番茄汁、淀粉液、苹果浆、浓糖水、酱油、炼乳、琼脂、熔化巧克力、面团以及鱼糜（mí）各种糜状食品等；还有人身上的血液、淋巴液、囊液等多种体液，以及像细胞质那样的"半流体"。

非牛顿流体
草莓果酱

牛顿流体 VS 非牛顿流体

　　实验中，我们用淀粉和水以一定比例制作出了一种非牛顿流体。非牛顿流体介于液体与固体之间。它的表面受到压力时，会开始变硬，并具备一定的固体特性；表面没有压力时，又非常柔软，和液体一样。正是由于非牛顿液体的这种特性，"轻功水上漂"才成为可能。

　　为什么非牛顿流体既像固体又像液体呢？流体运动时，在流体的内

它一定不是非牛顿流体！

遭受到石头的突然袭击，水的黏度一点变化都没有。

你们居然还在讨论物理问题，水可差点溅到我啊！

水的黏度很稳定，不会受到外力的影响

部会产生一种摩擦力，它会阻止流体的运动，这就是流体的黏性。流体黏性的大小，我们就叫它黏度。普通流体比如水，它们黏度很稳定，不会受到外力影响。而非牛顿流体受到大力的或快速的打击后，黏度会增加，在那一瞬间，它会变得像固体那么硬。

以实验为例，在我们制作的非牛顿流体中，淀粉微粒在混合物中分布均匀，受到平缓的外力作用时，流体的黏度稳定，所以物体从中慢慢滑过像是从液体中滑过。而当它受到突然的外力冲击时，黏度变大，所以施力物停在上面时像是撞在坚固的平面上。

非牛顿流体应用

非牛顿流体有一些很有趣的应用。比如，用口香糖开椰子。是不是很难以置信呢？口香糖其实也是非牛顿流体。将多块口香糖揉成一个圆锥形，将它的底面放置在桌面上，再拿起椰子对准口香糖，使劲地砸下去。当椰子接触到口香糖的一刻，口香糖瞬间变锥子，劈入椰子中。当然你还可以用口香糖来开易拉罐、汽水瓶等。

不过，非牛顿流体还有很多更实用的应用。比如，人们已经研发制作出了"液体防弹衣"。液体防弹衣比老式防弹衣舒适柔软，且穿戴时人们可以自由灵活地运动。但它可以在受到子弹冲击时变硬，从而起到阻挡子弹的作用，为人们提供有效的保护。其他相似的应用还有软泥护膝、软泥防震器、高弹力的软泥鞋垫等。

揉成锥形的口香糖

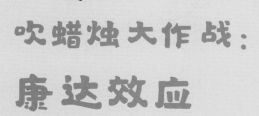

吹蜡烛大作战：
康达效应

提到过生日，你一定会想到吹蜡烛。可是有一支蜡烛它不愿意了，它说哪有想吹就吹的道理。它找了几样东西，非得让你隔着这几样东西来吹，说这样还能把它吹灭了，它才心服口服。这个挑战对你来说有没有难度呢？不如今天跟蜡烛较量较量？

吹蜡烛大作战

实验难易指数：★★★

今天的实验材料有蜡烛一根，打火机一只，圆柱形玻璃瓶两个，与玻璃瓶宽度相同的纸板一块。注意纸板和玻璃瓶都要比蜡烛高。

将蜡烛点着。先用纸板挡在烛火面前，然后隔着纸板吹蜡烛，吹的时候注意嘴巴、纸板和火焰要在一条直线上。蜡烛被吹灭了吗？没有。

然后，将两只玻璃瓶并排摆在蜡烛前。试一试，使劲对着两个瓶子的中间吹。结果怎么样？结果，蜡烛还是没有被吹灭。

是不是隔着物体就没法吹灭蜡烛呢？用一只瓶子来试试。把一只玻璃瓶放在蜡烛前，同样，"三点一线"用力吹——"呼"，这一回，烛火竟然应声而灭。

有趣的康达效应

隔着物体竟然也能把蜡烛吹灭，难道靠的是运气吗？当然不是。其中的原委是康达效应。

康达效应也被叫作附壁作用或柯恩达效应。当流体与它流过的物体表面之间存在表面摩擦时（也可以说是流体黏性），只要曲率不大，流体会改变本来的流动方向而随着凸出的物体表面流动。由于流体移动方向改变，周围产生压强较低的区域，这种现象称为康达效应。

在生活中，你应该有过这样的体验：直接拿着汤碗往外倒汤的时候，汤总会沿着碗口一直流到碗的底部。用杯子往外倒水的时候也一样。还有，打开水龙头试温度，将手指伸向水流时，水流会向手指的方向流动。

平常吹蜡烛的时候，我们吹出的气体让蜡烛四周产生空气流动从而形成一个低压区，而周围的气体会迅速地涌入这个低压区熄灭烛火。在实验中，隔着一个圆柱体的玻璃瓶吹气的时候，由于康达效应，气流快速向两边分流顺着圆柱体的表面前行，然后在圆柱体前方合二为一，这股气流同样地在蜡烛的四周形成了一个低压区，周围气体涌入才会灭掉烛火。

将两只瓶子放在一起，冲着两圆柱体形成的缝隙吹蜡烛，由于康达效应，气流会贴着物体行进，所以透过两个瓶子间缝隙又向两边分散，也就没法吹灭蜡烛了。当对着纸板吹时，气流沿着纸板完全远离了烛火，灭蜡烛行动自然也会失败。

汤沿着碗壁流下来就是典型的康达效应

我爱死康达效应了！

什么？居然能做到这种事？

隔着瓶子也能吹灭蜡烛

康达效应在生活中的应用

康达效应在我们的身边还有很多应用。

康达效应是大部分飞机机翼的主要运作原理，还有部分飞机特别使用引擎吹出的气流来增加附壁作用，用以提高升力。

夏天，空调能营造出凉爽宜人的环境，但以前的空调风向很难调，人总对着空调风直吹会产生不适。后来人们在设计空调时，就在出风口的下面设计了一个凹面，这样空调就会顺着凹面向上吹冷风。

设计师在赛车的排气管外面加了一个凸面，这样排气管里排出来的气体就会顺着凸面流动，进而喷到扩散器上，从而提高赛车的性能。

家中的油烟机如果安装了康达导烟板，油烟就能被有序吸附、排出。

配有造型风嘴的卷发器、配合长风道的无叶风扇以及能够自动吸附的卷发棒等，其中都有康达效应的功劳。

小贴士：康达效应与会爬坡的火苗

1987年，伦敦地铁圣潘克拉斯站台发生了一起火灾。起先只是在站台与售票大厅之间的自动扶梯冒出了一簇火苗，但几分钟后，火势迅速蔓延，烧到了扶梯上方的售票大厅，不幸造成了人员伤亡。调查显示，正是在"康达效应"与"烟囱效应"的共同影响下，火苗沿着斜坡往上爬，才使小火苗变成了大火。

简易方便的太阳灶：
被俘获的太阳能

    阳光给予万物生长的能量，给人们带来光明与热量。阳光和空气一样，都是天下珍贵而又免费的东西。人类利用太阳能加热食物已有 3000 多年的历史。今天我们再来借太阳能一用，用太阳灶来做一点小美食吧。

能利用太阳热量的太阳灶

哎呀，居然真的熟了！

饿死我了，还是直接烤来得快。

别忘记给本猫一片。

050

能烤土豆片的简易太阳灶

实验难易指数：⭐⭐⭐⭐⭐

准备小碗、铝箔（bó）、土豆、木棒、小刀、橡皮、双面胶、纸。

将铝箔平整地贴在小碗内部，作为聚光镜使用。

在碗底用双面胶粘上一块橡皮。将木棒的两头削尖，并将削尖的木棒一头插入橡皮中。一个简易的太阳灶就大致做好了。调整碗的倾斜角度，使聚光镜对准太阳。

在烤土豆片之前，用一张小纸片插入木棒，上下挪动位置，以在聚光镜的上方确定会聚光的焦点。最后切下一片土豆，替换掉纸片。接下来就耐心等待土豆片被烤熟吧。

可以每隔 20 分钟根据太阳光的角度，调整小碗的位置，以确保聚光。怎么样，你的太阳灶成功了吗？土豆片烤熟了吗？

太阳能的利用

太阳会以热辐射的方式向外传递能量，主要表现就是常说的太阳光线，这样传递的能量就是太阳能。太阳能是一种可再生能源，常用来发电或者为热水器提供能源。

地球所接受的太阳辐射能仅为太阳的总辐射能的二十二亿分之一，但这份能量却已经非常大。太阳每秒钟照射到地球上的能量就相当于燃烧 500 万吨煤产生的能量。太阳能是地球大气运动的主要能量源泉，也是地球光热能的主要来源。从广义上讲，地球上的风能、水能、海洋能和生物质能等，都是太阳能的一种转化，甚

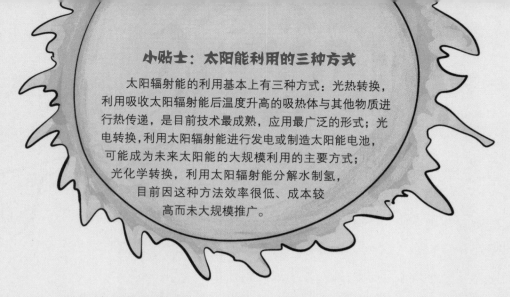

至地球上的化石燃料，本质也是远古以来贮（zhù）存下来的太阳能。狭义的太阳能则限于太阳辐射能的光热、光电和光化学的直接转换。

太阳能资源丰富，利用方便，是清洁能源。它改变了人们的生活，使人类社会进入一个节约能源、减少污染的时代。

太阳灶的原理

　　大规模开发利用太阳能，将会满足人类长期对大量能源的需求。而太阳能的光热转换是目前技术最为成熟、成本最低廉、应用最广泛的方式。太阳灶就是这样一种光热转换装置。它是把太阳能收集起来，用于做饭、烧水的一种器具（灶），主要有箱式太阳灶、聚光式太阳灶、综合型太阳灶三种。

　　实验中的太阳灶是一种聚光太阳灶。它是一个凹面镜装置，其应用的科学原理是光的反射。平行光线经太阳灶反射后会聚集于一点，太阳灶将光线汇聚，进而获取了大量热量，可以加热物体，并且不会造成污染。真正的太阳灶外形较大，聚光能力很强，在太阳光比较强烈的夏天，太阳灶的加热速度甚至与煤气灶不相上下。

　　太阳灶的关键部件是聚光镜。实验中，贴垫了铝箔的小碗充当的就是聚光镜，把太阳的光和热收集起来，并集中到土豆片上，将土豆逐渐烤熟。如果在实验中使用更大的聚光镜，你就能烧水做饭了！

太阳能热水器

太阳能板

聚光能力强大的太阳灶

DIY 手机全息投影：
佩珀尔幻象的魔法

我们总会在科幻片中看到全息影像。这种影像看起来就像真实的事物在眼前，我们可以从各个角度观察和了解它，甚至可以进入影像的内部。有了全息投影，设想一下，当你在跟万里之外的家人朋友通话时，他们就仿佛在你眼前一样立体可感，这得有多神奇啊！我们通过一个小实验，也能做出一个全息投影来哟。一起试试吧。

实验小贴士

★使用美工刀时应注意安全，可请成人协助或在成人的监护下进行。

利用全息投影，你们好像就在我面前一样。

在未来，相隔两地的家人也许可以用全息投影通话哦

喂，把我也拍进去！

DIY 手机 "全息投影"

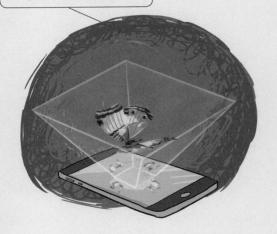

利用四分屏，可以让手机影像出现全息投影

实验难易指数：⭐⭐⭐

准备一个手机，一张较大的透明塑料板，一把美工刀，一把直尺，一张白纸，一支铅笔，一块橡皮，一卷透明胶带。

在纸上画一个上底 1 厘米、下底 6 厘米、高 3.5 厘米的等腰梯形。将梯形裁下来，放在塑料板上作为模板，然后用美工刀裁出 4 个同样大小的等腰梯形透明板。将 4 块塑料板腰与腰对齐，用胶带粘贴成金字塔状。我们的 "全息播放器" 就制作完成了。

之后用手机在视频网站上搜索 3D 全息影像片源之类的关键词，找到四分屏的视频。这类视频会在屏幕上出现呈散射状摆放的四个动态图像。

接下来，将视频打开并将手机平放于桌面，将 "全息播放器" 倒置在四分屏画面中央，注意

嘿，爸爸，最近过得好吗？

吃我一记大雪球！

播放器的每个屏对齐手机的一面图像。怎么样？在"全息播放器"上果然出现了立体图像，而且还是360度无死角哟！

佩珀（pò）尔幻象

有很多演出都号称应用了"全息投影"，呈现出许多现实中不可能出现的影像，比如一人多像的分身表演，或者将已故演员"复活"并让其再次"登台"，甚至给虚拟偶像开演唱会……这些非凡的3D视觉感官效果，其实利用的是一种聪明的光学错觉技术——佩珀尔幻象。它的效果和全息投影相似。

佩珀尔幻象最早由16世纪的一位意大利科学家提出，19世纪的英国工程师约翰·亨利·佩珀尔为它命名，并最早将它应用到舞台表演艺术上。有许多剧院利用镜子制造出幽灵出没的表演，那就是典型的佩珀尔幻象。

它的原理相当简单：位于其他位置（多为舞台下方）的幽灵表演者，他身上反射的光线会射向与舞台呈45度角的玻璃，其中会有约10%的光线被反射向观众，剩余的90%的光线则会透过玻璃射向舞台。这少量的投向观众的光线会在观众眼中呈现影像。观众会习惯性地认为影像是由"幽灵"所在的舞台位置经直线传播到他们眼中的，所以便相信是幽灵

佩珀尔幻象应用在舞台表演上

哇啊，是熊！妈妈咱们快走吧！

这只熊是从哪里来的？

出现在了舞台上。

在现代演出中，剧场会增加投影机以取代舞台下的现场表演，同时，将透明玻璃和塑料片换成单向透光性很好的全息膜，使更多的光线被反射出去。这样观众就能看到更清楚的反射虚像和清晰的背景，达到以假乱真的效果。

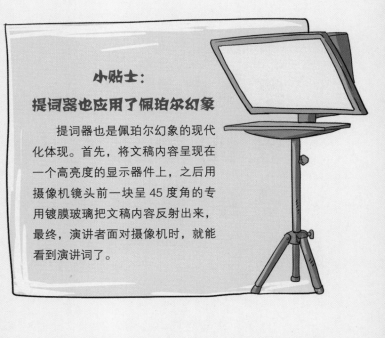

小贴士：

提词器也应用了佩珀尔幻象

提词器也是佩珀尔幻象的现代化体现。首先，将文稿内容呈现在一个高亮度的显示器件上，之后用摄像机镜头前一块呈 45 度角的专用镀膜玻璃把文稿内容反射出来，最终，演讲者面对摄像机时，就能看到演讲词了。

我们的实验原理与之完全相同，通过手机屏幕上呈现的画面透过透明塑料片的反射，在"全息播放器"中汇聚并形成了立体影像。

全息投影

全息投影技术也称虚拟成像技术，是利用干涉和衍射原理记录并再现物体真实的三维图像的技术。它在现实场景当中呈现一个 3D 的虚构空间。

全息投影技术与佩珀尔幻象最直观的区别是：真正的全息投影不需要借助任何特殊介质（投影膜、水膜或镜子），在空中就能显示出物体的全息影像；人从不同的方位观察，能看到被摄物体各个角度的立体画面，甚至人还能在影像中穿梭自如。而佩珀尔幻象只是一种视觉效果，人只能在特定的角度观影，更不能穿梭其中，是一种伪"全息"。

由于具有一定的技术难度，全息投影目前多应用于电子显微领域。相信未来的某一天，我们能将科幻电影中的场景带到现实之中。那一天，我们也许能通过全息投影与千里之外的亲朋好友打闹嬉戏。

纸上电影院：光栅动画与神奇的莫尔条纹

你有没有看过光栅动画？当你手执一张光栅纸从另一张印有特殊图案的纸上滑过时，奇妙的事情发生了：一只安静的皮卡丘竟然跑动起来了；纸上的猪八戒竟然大口吃起了西瓜……光栅动画就像一个纸上电影院，呈现出神奇的动态效果。今天我们也来制作一个光栅动画，并揭晓其中的奥秘吧！

有趣的光栅动画

实验难易指数：★★★★★

准备 A4 大小的白色卡纸和黑色卡纸各一张，再准备一支铅笔，一把直尺，一块橡皮，一把美工刀和一个长尾夹。黑色卡纸用来制作光栅板，白色卡纸用来绘制底图。

将黑色卡纸横放，再平行于窄边每间隔 5 毫米用铅笔画一条竖线，竖线两端分别距离两条长边 3 厘米。再将每条竖线的两端分别用一条横线连接起来。接着将两条竖线间的区域用美工刀镂（lòu）刻出来，且每隔 5 毫米镂刻一次。最后，就形成了黑"空"条相间的镂空光栅板。

将光栅板重叠放在白卡纸上，用一个长尾夹固定。接下来，在两张纸上写字。咱们设计一个两帧（zhēn）的文字动画："你好""中国"。先写第一帧"你好"。注意起笔最好从白条纹开始，且大概每字宽度要占到 10 个竖条。你写的字既会在黑色也会在白色卡纸上。写完后将上面的光栅板整体向右移动一个竖条，用长尾夹固定后再写上"中国"二字。

写完后将长尾夹去掉，然后将两张卡纸对齐。注意看，你的光栅板上是否出现了"你好"？然后将上层光栅板向右移，"中国"二字也出现了。重做两个动作，让它更连贯，是不是非常棒的动画效果呢？

莫尔条纹及其在生活中的应用

"光栅动画"又被称为"莫尔条纹动画"。它运用了莫尔条纹原理。

当两条线或两个物体之间以恒定的角度和频率发生干涉时，大脑无法分辨这两条线或两个物体，而只能看到干涉的花纹，这种光学原理就

小贴士：用于导航的莫尔条纹现象

瑞典的一家公司利用莫尔条纹现象发明了一种导航灯，可为航船指示安全的入港路线。导航灯的平面上布满了条纹，处在不同区域的航船观察导航灯，看到的内容是不同的。接近危险水域时，灯塔的条纹形状看上去是垂直条纹；远离危险时，灯塔的条纹看起来就像箭头，指向安全的方向。

被称为莫尔条纹。

莫尔条纹在日常生活中十分常见。比如摄影摄像时，机器是按一定的速度逐帧进行扫描的，细密条纹的服饰就不受喜欢，因为这种纹路容易与机器的感光阵列交织，形成莫尔条纹，从而使图像中的条纹部位失真。将手机相机打开，对准电脑显示器或电视屏幕，调到一定焦距时，也会发现明显的莫尔条纹。

莫尔条纹在生活中有非常多的用处。比如，用作加密防伪的技术手段。美元上有一些图案是由非常细密的线条排列组成的，如果扫描复印，那么这些细节图案会与感光元件形成莫尔条纹而变得模糊不清。如此简

单的图案设计，就足够难倒无数的造假者了。

　　莫尔条纹还可以用来做图像加密。一张功能解密卡覆盖在书中布满规律密纹的秘密记录时，竟然会呈现出秘密文字。为什么呢？原来，书中的秘密记录其实是一种隐藏了图案和文字的周期图案，只要在上面覆上带周期图案的透明板，也就是功能解密卡，那么，被加密的信息就会显现出来。

光栅动画是如何形成的?

　　莫尔原理最简单又有趣的应用就是光栅动画。它是怎么形成的呢？

　　每移动一点光栅板，在光栅板空隙中漏出当前帧的底图时，人脑都会根据看到的线段补出完整的图案；而连续移动光栅板的时候，人脑会把不断漏出的帧，脑补成一幅一幅完整的画面，这一帧一帧的画面经大脑的视觉暂留串联起来，就成为一个流畅的动画。

　　前面我们做了两帧的动画，如果改变光栅板的镂空条与底板条的比例，比如改为 1∶3，那我们就能做出多帧的动画。试着去做一做吧。

错误！错误！

美元上的图案设计利用了莫尔条纹原理，拿去复印可是没用的哦

纸筒照相机：
小孔成像的杰作

"咔嚓"一声，相机记录下一个天真的笑容，保留了一个精彩的瞬间，截取了戏剧性的一幕……相机可真是一个有意义的发明。不过，你知道相机是怎么把这一个个精彩的瞬间留下来的吗？它利用的是光。光捕捉了瞬间发生的景象，而又将它瞬间镌（juān）刻

小孔成像原理图

在相纸或芯片上。而光完成这一切，利用的是小孔成像的原理。一起通过小实验来看一看其中的缘由吧。

制作纸筒照相机

实验难易指数： ★★★☆

准备装薯片的纸筒，黑色卡纸，锥子或牙签，塑料膜（或透明的磨砂卡片），胶带，蜡烛，火柴（或打火机）。

将黑色卡纸圈成纸筒大小，用胶带固定住。用塑料膜包裹住卡纸筒的一端，然后用胶带固定。将卡纸筒有塑料膜的一端塞入纸筒，卡纸筒能在纸筒的内部抽动。在纸筒封闭一端的正中央，用牙签戳一个洞。一个纸筒照相机就做好了。

接着点燃蜡烛，把纸筒照相机拿起，让筒底的小孔对准蜡烛，眼睛看着筒中的塑料膜。你会发现塑料膜上出现了一个倒立的蜡烛图像。把蜡烛熄灭后，图像也随之消失了。

你的纸筒照相机是不是成功了？不要着急，再来做几个小测试。测试一：试着在大纸筒中推动卡纸筒，塑料膜上的蜡烛图像有什么变化？当塑料膜离小孔更近时，图像变小了；离小孔更远时，图像变大了。测试二：如果将整个纸筒一会儿靠近蜡烛，一会儿远离蜡烛，这时候图像有什么变化？纸筒离蜡烛越近，图像越大、越暗；纸筒离蜡烛越远，图

像越小、越亮。测试三：在纸筒底端隔一定距离，扎几个大小不等的孔，看一看呈现的图像有什么不同。你会发现，图像的大小都一样，但是清晰程度不同。孔越大，像越不清楚。

小孔成像的秘密

光在同种均匀介质中沿直线传播。这是光的一种性质。掘进机在山里开凿（záo）隧道的时候，为了钻出笔直的隧道，需要激光器打出红色激光束，指导掘进方向。

在同种均匀介质中光沿直线传播

用笔直的激光束指导掘进方向

小孔成像也是光沿直线传播的一种体现：用一个带有小孔的板遮挡在墙体与物之间，墙体上就会形成物的倒立的实像。我们再来说一下之前的实验：从纸筒小孔进来的光线沿直线进入，从烛光上面射入的光线与从烛光下面射入的光线在小孔处交叉后，再投影到塑料膜上，从上端来的光线打在塑料膜的下方，从下端射来的光线打在塑料膜的上方。所以，最后形成的影像是倒立的烛光。

日食

哇，是月牙形的阳光！

从叶片间隙中投下来的亮斑就是太阳的影像

实践表明，物体经小孔成的像，不仅可以用像屏来承接，也可使照相底片感光，一些照相机和摄影机就是利用了小孔成像的原理：镜头是小孔（在光圈前后，加上凹透镜和凸透镜，让光线有规律地进入和输出小孔）；景物通过小孔进入暗室，像被一些特殊的化学物质〔如卤（lǔ）化银等〕留在胶片上（数码相机、摄影机等则是把像通过一些感光元件存储在存储卡内）。

生活中的小孔成像

你有没有注意过树荫下的亮斑，它们看起来都是圆圆的？可是抬头看树，明明树叶与树叶交叠处的间隙并不是圆的呀？这又是为什么呢？这也可以用小孔成像来解释。叶子的间隙相当于小孔，地面就是光屏，根据小孔成像原理，投在地面的亮斑，其实是太阳的影像。那如果发生日食了，亮斑会是什么样的呢？没错，这时的亮斑是太阳的影像，是月牙状的。

再现海市蜃楼：
光创造的奇幻景象

　　海市蜃（shèn）楼是一种奇妙的自然现象，常出现在海边或者沙漠地带。你抬头忽然看到茫茫大海之上或沙漠前方出现了高楼或绿洲，一切看起来栩（xǔ）栩如生，但细想起来却并不可能，而且过一会儿，这片景象便从眼前消失了。原来那不过是地球上物体反射的光经大气折射，而将远处的景致投射过来的虚像。接下来，一起做一个小实验再现一幕海市蜃楼的奇景吧。

再现海市蜃楼

实验难易指数：★★

准备长方形玻璃缸、浓缩盐、清水、塑料薄膜、激光笔和蜡烛影像。

将玻璃缸放在桌子上。在缸中倒入约半缸水，再按 100 毫升水约放入 36 克盐的比例配置饱和食盐水溶液，再加入少许盐使其稍过饱和，然后充分搅拌。将一块较大的塑料薄膜放入缸中，底部贴于水面，四周与缸壁贴合，然后再慢慢注入大约半缸清水。将塑料薄膜轻轻拉开，待下层盐水与上层清水的分界线逐渐模糊，两层水逐渐融合。

接下来，拿出激光笔照射两层水的交界处，光线出现了弯曲。点燃蜡烛放在玻璃缸背后，你会发现在烛光的上层居然出现了另一支蜡烛影像。

你的实验成功了吗?

海市蜃楼的原理

海市蜃楼是一种大气光学现象。光线在密度均匀的介质中传播时，光速不变，以直线前进；但光在不同密度介质间传播时，光线会发生偏转。在春夏季节，白天海水温度比较低，下层空气受水温影响温度低、密度大，

小贴士：为什么总觉得池塘水底近深远浅？

当我们坐在小船上时，因为光线从水中进入空气时发生了折射，而且光线越倾斜，看到的虚像就越浅，所以我们向下看平坦的池底时总是会觉得池塘的最深处就在我们的正下方，而距离我们越远的地方呈现的虚像深度看起来就越浅。

而上层空气暖、密度小。阳光从两种密度的空气层传播就会发生折射和反射。下层密度大的空气像一面镜子一样，把地面景物反射在半空中，就会出现奇妙虚幻的景致。这也叫作"上现蜃景"。在山东蓬莱区的上空常常可以看到庙岛群岛的幻影，就是因为这种原理。

发生在沙漠里的"海市蜃楼"有所不同，它不会出现在半空而是会出现在地面上。这是因为沙漠里白天沙石受太阳炙（zhì）烤，下层的空气温度高于上层，所以接近沙石的下层热空气密度小，而上层冷空气的密度大，密度大的反射镜在上层，就把蓝天、白云反射在沙滩上而形成倒影。这也叫作"下现蜃景"。

柏油马路因路面颜色深，夏天在灼（zhuó）热阳光下吸热能力强，同样会在路面上空形成"上层的空气冷、密度大，而下层空气热、密度小"的分布特征，所以也会形成"下现蜃景"。

实验中的光的折射

光在水中的传播同样也会因传播介质的不同而发生偏转。实验中，下层是浓盐水，密度大；上层是清水，密度小。当激光笔的光线通过清水和浓盐水两种介质时，前进方向发生改变，光线传到你的眼睛就会让你产生错觉，似乎在蜡烛的上方又出现了另一支蜡烛。

生活中，很多现象都可以用光的折射来解释。例如，将一条木棒插在水里，用肉眼看，会让人以为木棒进入水中时弯折了。这是因为光进入水里时产生折射，才带来这种效果。水中的鱼看上去的位置比实际的位置要浅，这是因为人看到的是水中的鱼反射的光在水面处发生折射而形成的一个比实际位置偏高的虚像，所以要想叉到鱼，就要把鱼叉对准鱼（虚像）的下方叉过去。

相反，如果从水中看岸上的物体，会出现什么效果呢？答案是从水中望去，岸上的物体看起来更高大。这是因为空气的折射率比水的小，当光线从空气射入水面时，折射角小于入射角，折射光线进入水下人的眼中，所以人逆着折射光线看去，看到岸上的物体比实际位置高。

看起来鱼所在的位置

光线在水面发生折射

鱼实际所在的位置

这次你可跑不了了！

不学点物理，你这就是白费功夫。

水蒸气上升后，遇冷凝结形成云，再通过降水重新流回江河湖海

瓶中升起一朵"云"：
热对流的秘密

云是美丽的存在，也是人们寄托遐（xiá）思的所在。抬头看着蓝天白云，对你来说是不是也是一种放松呢？你是否希望有一朵自己的云呢？一个神奇的魔法瓶可以帮助你实现这个小小愿望。一起来试试吧。

做一朵"云"

实验难易指数： ★★★

我们需要的都是家中常见的一些材料：一个广口的玻璃瓶或玻璃杯，玻璃瓶的塑料盖子或一个可以放在瓶口的平底塑料盘，一盒火柴，一些热水和几块冰块。这个实验要用到开水和火柴，一定要在家长的帮助下完成。

在玻璃瓶中倒入 1/3 瓶的开水，静置几十秒，让瓶中充满水蒸气，且让瓶身受热均匀。点燃一根火柴，在瓶口停留几秒，扔进瓶中。将冰块放在塑料盖子上，然后迅速放置在瓶口。瓶口被盖住后，只需要几秒钟的时间，就能看到"云"在瓶子里旋转；慢慢地云层变厚，出现云雾缭绕的景象。拿走盖子，云就丝丝袅（niǎo）袅地飞走了。

怎么样，在家中享受"云蒸雾罩"，是不是别有一番滋味？

瓶中的"云"是怎么形成的？

小贴士：云的三种基本类型

云主要有三种基本类型：卷云、积云和层云。其他云都是它们的混合物或者变体。

卷云：它是由4000多米的高空中的冰晶组成的。云轻薄，成束状，由于像马尾，所以也被称为"马尾云"。

积云：它在生活中更为常见，像棉花糖一样。它是由上升的热气流形成的。

层云：比较暗，厚实，像毯子一样。它在2000米以下的低空形成，由小水滴构成。

要想知道瓶中的"云"是如何形成的，我们先来了解一下天空中的云是怎么形成的吧。

海洋、江河、湖泊等水面和土壤、植物表面的水大量蒸发，会形成水蒸气上升到空中。我们都知道，大气层中，越靠近地面温度越高，空气也越稠密；越往高空，温度越低，空气也越稀薄。湿热的水蒸气被抬升，温度就会逐渐降低。由于空气中含水汽的能力是有限的，且温度越低，含水量就越少，当水蒸气到了一定高度，空气中的水汽就会达到饱和，一部分水汽就会聚集在空气中的微尘（如火柴产生的烟）周围，凝结成小水滴或冰晶。这样就形成了我们能看到的多姿多态的云。

你明白了吗？总结这个过程，云的形成有几个条件：一是，空气中要有充足的水蒸气；二是，水蒸

出朝霞了，我们后天再约吧。

气要经历空气冷却凝结的过程；三是，空气中有烟雾或粉尘，即凝结核。

在我们的实验中，瓶子中的热水让瓶子中充满了水蒸气；燃烧后的火柴冒出了烟，使空气中有烟雾；瓶中的暖空气上升，遇到了装有冰块的瓶盖后，温度迅速下降，一部分水就被析出，与烟雾结合凝结成小水滴，于是就形成了瓶中的"云"。

如何看云识天气？

古时候的人们也许并不完全了解气候变化、云起云消的原理，但在长期的观察和实践中，人们总结出了一套看云识天气的方法。人们根据云的颜色、形状、厚薄，云移动的方向和速度等，密切监视天气并预测天气的变化。这些"看云识天气"的经验，还被编成了谚语。

"朝霞不出门，晚霞行千里。"这里的霞指反射霞。早晨，西边天空出现朝霞，这意味着大气中的水汽已经很多，天气状况不稳定，随着太阳的升高、云彩的东移，热对流运动加强，容易出现阴雨天气。而如果晚霞出现在东边天空，这时候由于太阳的远离，热对流运动减弱，原来形成的云也会消散，未来的天气状况会比较稳定。

"天上钩钩云，地上雨淋淋。"钩钩云也叫作钩卷云，它的出现预示着很快会刮风下雨。

"云往东，车马通；云往南，水涨潭；云往西，披蓑衣；云往北，好晒麦。"

……

你还知道哪些关于云和天气关系的谚语吗？快来说一说吧。

哇，是晚霞，明天一定是个好天气！

并不神秘的温度计：
物体热膨胀的秘密

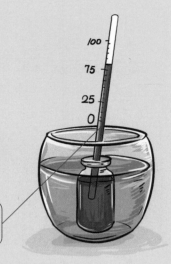

自制温度计的测温功能很实用哦

　　生活中，我们总能用到温度计。感冒发烧时，我们用体温计来监测体温；室内温度计帮我们了解室温，防止房间过冷或是过热；鱼缸温度计帮助水族动物们获得适宜的水温条件；工厂里也会用到温度计便于掌握生产制作所需要的温度……温度计到底为什么具有这样的本领？今天一起来制作一个温度计，揭开它的神秘面纱吧。

制作简易温度计

实验小贴士

★ 使用锥子时应注意安全，可请成人协助或在成人的监护下进行。

实验难易指数：★★★☆

　　准备一个小玻璃瓶（带盖）、一个玻璃碗、一点红墨水（或红色素）、黏土、吸管、热水、冰块、食用油、尺子、锥子。

　　在小玻璃瓶中装满冷水，然后在水中滴入少许红墨水或红色素。在瓶盖上钻个小洞，然后将吸管插入，再用黏土封住瓶口所有缝隙。这时能在吸管中看到一小段红色水柱。温度计的基本结构完成了。

　　接下来要给温度计做刻度。将小玻璃瓶放在一个稍大一些的玻璃碗中。准备好100℃的沸水，然后将其小心地、慢慢地倒入玻璃碗中。当吸管中的红色水柱不再上升的时候，用油性笔在红色水柱的上方做个标记，标明100℃的水能达到的高度。之后向吸管内滴几滴食用油封住吸管内的液面，减少液体的蒸发。

等水温下降到方便接触的时候，将小玻璃瓶拿出，把碗中的热水换成准备好的冰块，再倒入一些凉水。这时，吸管内的水柱在下降。等水柱的高度不再显著下降时，用油性笔在吸管上再做一个标记，标明水在 0℃ 时的高度。用直尺量出 0℃ 与 100℃ 的标记之间的高度，将高度四等分，三个新标记即代表了 25℃、50℃ 和 75℃。

这样，一个简单的温度计就做好了。快拿出你的温度计，让它大显身手吧！

物体热膨胀的秘密

实验中，红色水柱一会儿升高一会儿降低，这是为什么呢？这是由于物体的热膨胀。物体内的粒子运动会随温度改变，温度高，粒子们就运动剧烈，物体就在膨胀；温度低了，粒子的运动放缓，物体就收缩了。

大部分物体包括固体、液体以及气体，都有热胀冷缩的特性。想一想，夏天自行车轮胎里的气为什么不能打得太足？答案是：夏天气温

太高，轮胎里的气体会受热膨胀，如果充气太足
容易引起爆胎。观察一下路面，水泥路面隔一段就要开一
条槽，还有桥梁对接、铁轨对接处都留有伸缩缝，原来，这是
为了防止路面或铁轨受热胀冷缩影响而出现随机裂缝或翘起。

生活中我们也会利用热胀冷缩的现象。比如，罐头在工厂灌装时是
热的，里面的气体受热膨胀，等冷却后气体体积减小，内部的气压小于
外面的大气压，这样罐头就不容易打开。想吃罐头的时候，可以把罐头
瓶稍微加热，这样里面的空气膨胀，气压升高，就可以轻松打开罐头瓶了。

并不神秘的温度计

大部分物体虽说都会热胀冷缩，但不同物体热膨胀的程度却不同。
一般来说，气体膨胀最明显，液体次之，固体最小。所以，如果对着一
个充满气的气球加热，气球会不断地膨胀，甚至爆炸；但加热玻璃杯时，
肉眼看不到它在膨胀。同样是固体，膨胀程度也不一样。把煮熟的鸡蛋
放在冷水中浸一浸，鸡蛋就很容易剥壳，这是因为蛋壳和蛋白在温度降
低时，收缩程度不一样。

温度计正是利用了固体、液体、气体受温度的影响而热胀冷缩的现
象而设计的。不过，你发现了吗，生活中用的温度计，里面装的不是水。
这是因为水有反膨胀现象，当温度低于4℃时，随着温度的下降，水的体
积反而增大，所以装水的温度计在实际运用上测量并不准确；人们选择
的是膨胀幅度居中的液体来当作温度计的工作液体，比如水银或者酒精。

自制灭火器：
灭火原理大揭秘

很多人应该都上过消防安全课，或者参加过学校和消防队组织的消防演练。在生活中，我们不仅要知道应对火情的安全逃生方法，也要有足够的防火意识、防火常识。灭火器是最常见的消防器材。你知道为什么灭

等下！水可救不了电火！

我们来帮忙了！

喵～感觉身体麻麻的。

自制的"灭火器"

哎哟，这下我可燃烧不起来了。

从吸管中喷出来的二氧化碳

火器能灭火吗？灭火的方法背后都有哪些原理呢？为了了解这些，让我们先来动手做一个灭火器，实施一场小小的灭火行动吧。

自制"灭火器"

实验难易指数：⭐⭐☆

准备白醋、小苏打、塑料瓶、锥子、吸管、蜡烛、打火机。

用锥子在塑料瓶的瓶盖上戳出一个吸管大小的洞，然后将吸管插入洞中。在旁边点燃蜡烛备用。往塑料瓶中倒入约1/3的白醋，然后加入1～2勺小苏打，将插有吸管的瓶盖拧在塑料瓶上。

在你拧紧瓶盖的时候，你的"灭火器"已经开始进入预备灭火阶段了——瓶子中的小苏打碰到白醋迅速起反应生成大量气泡，还发出"哧（chī）哧"的响声。将"灭火器"吸管对准点燃的蜡烛，从吸管中开始慢慢放出气体，尽管一开始气流不是很大，但最后蜡烛还是熄灭了。

> **实验小贴士**
> ★ 使用锥子时应注意安全，可请成人协助或在成人的监护下进行。
> ★ 加入小苏打后应迅速拧紧瓶盖，防止二氧化碳大量逸出。

燃烧的秘密

燃烧是可燃物与氧气发生的一种发光、放热的剧烈的氧化反应。灯泡的发光发热现象不是燃烧，食物腐烂、铁生锈、动植物呼吸是氧化反应，但不属于燃烧。

燃烧主要是一种化学反应。物体燃烧时，会产生火焰，释放出热和光。

总的来说，燃烧有几个必不可少的条件。一是物质要具有可燃性。在空气、氧气或其他氧化剂中发生燃烧反应的物质，都称为可燃物。如木材、氢气、汽油、煤炭、纸张、硫（liú）等都是常见的可燃物。二是要使可燃物与助燃剂（空气或氧）接触。人们通常所说的助燃剂是指空气，因为空气中氧气占了约五分之一，一般可燃物在空气中遇到火源都能燃烧。三是可燃物要达到燃烧所需的最低温度。热能、光能、电能、化学能、机械能都能成为燃烧反应的能量来源，也就是点火源。点火源温度越高，越容易引起可燃物燃烧。

你有没有看过隔空点蜡烛的魔术表演呢？魔术师在一支刚熄灭的蜡烛上方按下打火机，尽管离蜡烛还有一大段距离，但蜡烛竟然重新被点燃了。蜡烛之所以能够被点燃，是因为燃烧的三个条件都被满足了。蜡烛熄灭后，可以看到一缕白烟，这就是气化的烛油。在这个时候遇到明火（打火机的火苗），再有空气的助燃，火种就会顺着烛油蒸汽点燃烛芯，蜡烛就会复燃了。

灭火原理大揭秘

基于燃烧的三个条件，人们目前有三种物理灭火的方法。

隔离灭火法。将旁边易燃的物体与正在燃烧的物体分离或者分割，这样没有东西可烧，燃烧就会逐渐停止。在给森林灭火的时候，人们会开辟隔离带，这样使火势不再蔓延而得以控制。在失火点，要把周边易燃的液化气罐和其他可燃物移开。

小贴士：抑制灭火法

窒息、冷却、隔离三种灭火方法在灭火过程中，不参与燃烧过程的化学反应，它们都属于物理灭火方法。还有一种灭火方法，叫抑制灭火法。抑制灭火法也称化学中断法，就是使灭火剂参与燃烧反应，使燃烧过程中产生的游离基消失，而形成稳定分子或低活性的游离基，使燃烧反应停止。有些干粉灭火器正是用这个原理来灭气体火灾的。

窒息灭火法。将燃烧物质与氧气或空气隔绝，这样火焰就会因缺氧而熄灭。炒菜的时候如果锅内的油起火，盖上锅盖就解决问题了。沙土、水泥、湿麻袋、湿棉被等不燃或难燃物质都可以用来覆盖燃烧物以灭火。在实验中，我们将小苏打和白醋混合，混合后产生了大量的二氧化碳，二氧化碳阻止了蜡烛与氧气的进一步接触，从而使火焰熄灭。二氧化碳作为灭火剂，已经有 100 多年的历史。

冷却灭火法。将低于火焰温度的灭火剂，比如水和干冰，直接喷洒在燃烧物上，使燃烧物质的温度降到燃点之下，从而将火熄灭。水、干冰气化不仅吸收热量降温，还可以形成水汽和二氧化碳隔绝空气，起到双重的灭火效果。

制作"绿色空调"：
冰块加食盐的妙用

烈日炎炎的夏天，如果能待在空调房，自然最舒适无比。可如果没有空调，要怎么度夏？你知道吗，用家里简简单单的两样东西——冰块加食盐就能制作"绿色空调"，给你送来清凉。一起来试一试吧。

"绿色空调"制作实验

实验难易指数： ⭐⭐

准备一台小风扇、一个小的泡沫箱子、一个小铲子、一些冰块和食盐以及一个空塑料瓶。

第一步，制作"空调"的进风口和出风口。首先在泡沫箱子的顶部画一个比小风扇外径略小的洞，作为"空调"进风口。再将空塑料瓶去掉瓶口和瓶底，留一个圆柱形的长筒，在泡沫箱子的侧面按塑料长筒的直径大小掏一个洞，将塑料长筒放入，这就是"空调"出风口了。

第二步，准备"制冷剂"。往泡沫箱子里倒入冰块，再往冰块上撒食盐，然后用铲子将冰块和盐搅拌均匀。

第三步，启动"空调"。将风扇装在盒子顶部的进风口上，按下开关。感受一下从出风口吹出来的风，果然十分凉爽。观察一下温度计，温度真的在逐渐下降！

为什么冰里加盐会使温度降低？

用冰块和盐能够制作空调，得益于冰块的快速融化产生的降温作用。同时，也利用了盐的特殊性质——可溶性、吸潮性、低冰点性。

盐本身温度高于冰块，把冰块和盐混在一起，冰块就开始融化。盐具有吸潮性和可溶性，它会吸附周围的水分子，并开始溶解，盐一边溶解一边释放热量，会加速冰块的融化。冰块的融化需要吸收热量，所以使周围温度下降。部分冰块融化为水，盐又溶解在水中，从而继续加速冰块的融化。冰块融化和食盐溶解反复进行，每次变化温度都降低一些，所以，冰块加了食盐后温度就会骤降。

但是，为什么盐水在这样的低温环境下不会结冰呢？这是因为食盐

小贴士：为什么扇扇子会让人觉得凉快

原来，受体温的影响，紧靠人体表面的空气温度会比周围空气的温度高一些。当扇扇子时，体表原本微热的空气被扇跑了，四周低于体温的空气吹过来，人也就感到凉快一些了。此外，人在出汗时，扇扇子还会加速人体汗液的蒸发，带走更多热量。

溶于水后，盐水的冰点比水的冰点低，所以盐水更难结成冰。冬天海水结冰的温度比河水低，就是因为海水中溶有盐。盐水的冰点通常为零下18℃左右，向冰中加入一定量的盐，可以使高于零下18℃的冰融化。

冰块加食盐的更多应用

在冰雪中加食盐的操作在生活中很常见。

冰块加盐不仅能做"空调"，还能做"冰柜"。在冰柜普及之前，人们一直有个做冰棍的土方法。他们把天然冰放进一个大木桶里，再加入适量的食盐，从而造出了一个"土冷冻室"。再准备许多圆柱形小铁筒，每个小铁筒里都装满制作冰棍的香料和糖水，然后把一个个小铁筒放进"土冷冻室"封闭起来冷冻。由于"土冷冻室"里混合了食盐和冰块，它们能够快速吸收大量的热量，这样过一段时间，小铁筒里的糖水就可以冻结成冰棍了。试一试，你也可以用这个土法子做出冰棍、冰激凌来哟！

冬天下雪，人们在马路上撒盐，一方面是为了加速雪的融化，另一方面能使路面在低温下不结冰，降低因路上结冰造成车打滑出事故的概率。不过，随着冰雪融化得越来越多，盐溶液的浓度会慢慢降低，"盐–水–雪"混合物的冰点重新开始上升，因此，达到一定温度后，路面可能又会结冰。所以，当路面温度降到零下10℃以下时，氯（lǜ）化钠（nà）（盐的主要成分）的除冰效果就会大打折扣。在低温下，人们通常会改用氯化镁（měi）或氯化钙，因为它们的冰点更低。

如果你不介意的话，能让我吃一根吗？

随便吃，我的"冷冻室"里还多的是呢。

"点水成冰"的热冰实验：
结晶与溶解度的秘密

大家都知道，当气温降到0℃时，室外的水就会结冰。但今天我们通过一个小实验却能制作一份"热冰"。它有冰雪的洁白外表和轻盈身姿，却没有冰雪的清冷。"热冰"不但不冷，在形成时还会散发轻微的热量。一起来试试吧！

制作热冰——"点水成冰"与"滴水成冰"

实验难易指数：★★★★★

准备白醋、小苏打、水、锅、灶台、玻璃杯、碟子、一次性筷子。

在锅中倒入 400 克小苏打，再倒入 0.5 升白醋，静置 1 小时。之后加入 0.1 升水。将锅放在灶上，开小火慢慢煮。煮半小时后关火，此时锅中的混合溶液变得澄澈。将混合溶液分别倒入两个玻璃杯中凉凉。然后收集锅底留下的晶体，放在小碟子中。

用筷子蘸一下碟中的晶体，然后慢慢伸入一杯冷却后的澄澈溶液中。神奇的现象就发生啦！筷子周围慢慢包裹了一小团结晶，之后结晶越长越大，看起来既像大朵大朵的雪球，又像是盛放的蒲公英花朵，饱满而又轻盈。

将另一杯澄澈溶液慢慢倒向小碟中的晶体，只需要几秒钟就能看到在原来的晶体之上慢慢地覆上白色的晶体。注意要让溶液慢慢地流下来，这样白色晶体会越堆越高，最后形成一个小冰塔。结晶过程中会释放热量，你可以用手触摸感受一下。有一种"暖宝宝"，它就是根据醋酸钠在结晶时放热的原理制作的。

你的"热冰"实验成功了吗？

> **实验小贴士**
> ★ 实验加热时不可离人，加热完毕及时熄灭热源。
> ★ 实验中应佩戴防高温手套，避免烫伤。
> ★ 实验要在成人的监护下进行，并备好烫伤药及灭火器材。

结晶与溶解度的秘密

生活中，我们也能接触到不少固体溶解于液体的例子，比如食盐、白糖、可溶性淀粉、味精都能溶于水。可是，能往水中不停地加糖吗？

到底什么时候才能变成饱和溶液？

用来当溶质的白糖

再多来几袋也没问题！

答案是：不能。因为当溶液中加入的溶质超过最大限度量（溶解度）时，溶质不能继续溶解，而成为沉淀。此时的溶液是饱和溶液。要想再加溶质进去，就要改变温度和压力，比如通过加热，改变溶解度。溶液加热后溶质就又可以继续添加进去了。

将加热后的溶液冷却，当溶液中溶质的浓度已超过该温度、压力下溶质的溶解度，而溶质仍未析出，这时候的溶液就成了过饱和溶液。过饱和溶液是不稳定的，遭遇搅拌、震动、容器器壁摩擦或被投入固体"晶种"时，溶液里的过量溶质就会马上结晶析出。

在这个实验中，我们将醋和小苏打放在一起，制成了醋酸钠溶液。将溶液加热后冷却，属于过饱和溶液，暂时处于不稳定状态。此时溶液接触固体"晶种"（筷子上和碟中的晶体），其中过多的溶质就会结晶，而溶液则恢复成适合此温度的饱和溶液状态。在此过程中，我们就看到了"蒲公英"绽放和冰塔形成的现象。

生活中的结晶现象

结晶是指物质从溶液、蒸汽或熔融物中以晶体状态析出的过程。常

用的结晶方法有蒸发结晶和冷
却结晶。

　　蒸发结晶主要适用于溶解
度随温度变化不大的物质，比
如盐田晒盐（氯化钠）。把海
水或盐卤引入盐田后，经过风
吹日晒，海水中的水分蒸发、
浓缩，最终结晶析出食盐。粗
盐提纯也是利用蒸发结晶，加
热蒸发氯化钠溶液，就得到
精盐。

小贴士：结晶的蜂蜜

　　大多数蜂蜜在温度降低时，
或者保存时间较长时会产生结晶现
象。结晶的晶体是蜂蜜中的葡萄糖。
一般来说，当温度高于 40℃，结晶
后的蜂蜜会慢慢地融化。

　　冷却结晶主要适用于溶解度随温度变化较大的物质。夏天温度高，
湖面上无晶体出现；每到冬季，气温降低，石碱（jiǎn）、芒硝（xiāo）
等物质就从湖水里析出来。冰糖就是以白砂糖为原料，经加水溶解、除杂、
清洁、蒸发、浓缩后，冷却结晶制成的。我们的实验利用的也是冷却结晶。

盐田晒盐就是典型的蒸发结晶

太阳越晒，盐田的产量就越高呀。

"天外飞针"：
时有时无的磁力

你有没有过拿着磁铁到处吸的经历？为了检验什么物体有磁性，家里大大小小你能看到的物体都被吸了个遍。磁力确实有趣，有时候我们还能利用它进行小小的魔术表演呢。今天有请磁铁一起来为大家奉上一场"天外飞针"表演吧。

快把你身上的磁铁丢掉吧。

难道这就是传说中的武林绝技"天外飞针"？

"天外飞针" 表演

实验难易指数： ⭐⭐⭐

准备三根缝衣针，一块强磁铁，两个矿泉水瓶，一卷双面胶，一支蜡烛，一个打火机和少量棉线。

将三根针都穿上棉线，棉线保留一定长度，然后分别打好结。通过棉线提起一根针，在针的周围慢慢地转动磁铁，你会看到针和棉线会跟着磁铁慢慢地"起舞"。如果你的磁铁是圆形的，可以将磁铁在悬挂起的针下方来回滚动，针会像一把利剑似的直直地指向磁铁，并随着磁铁来回走动。

接下来，将三根针的棉线结一端用双面胶固定在一个矿泉水瓶上，三个结之间可以保持一段距离；将磁铁固定在差不多高度的另一个矿泉水瓶上。

将两个矿泉水瓶靠近，针又直直地飞起来了。

接下来，将蜡烛点燃，将火苗对准三根飞针燃烧。没过一会儿，你会发现飞针落下来了，不再飞起。

"天外飞针"表演谢幕。

被磁铁吸引的"飞针"

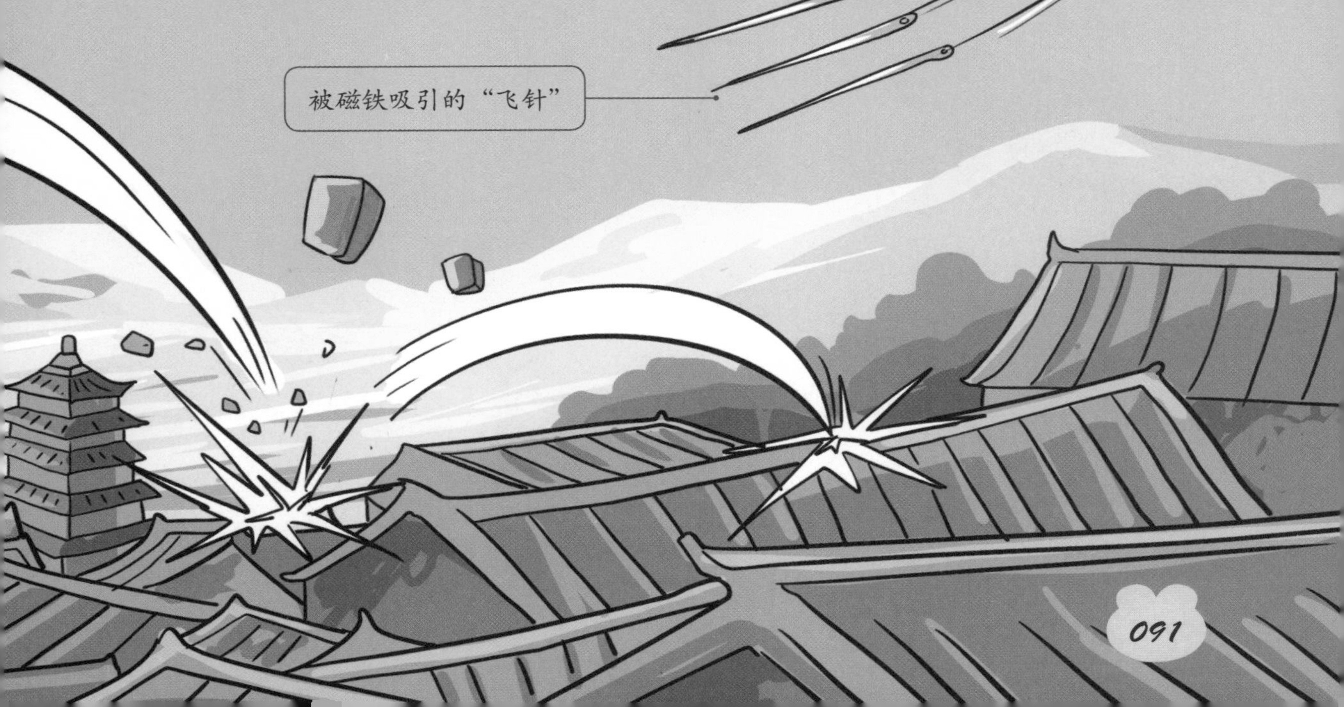

没有磁铁的吸引，磁畴排列无序

磁畴在磁铁的吸引下排列整齐

磁体的磁性和磁化作用

物体所具有的能够吸引铁、钴（gǔ）、镍（niè）等物质的性质叫磁性，具有磁性的物体就被称为磁铁或磁体。每一块磁体都有两个磁极，南极和北极。磁体之间，同性磁极相互排斥，异性磁极相互吸引。因此，两个磁体可以相互吸引或排斥。

磁铁为什么能够吸引铁、钴、镍等铁磁类物质呢？这是因为铁磁类物质内部的电子除了可以自转，还可以在自转的同时在小范围内自发地排列起来，形成一个自发磁化区，即磁畴（chóu）。在没有磁铁吸引的情况下，铁磁类物质的内部各磁畴排列无序，磁性相互抵消，物质对外不显示磁性。可一旦有磁铁吸引，各磁畴整齐地排列起来，使磁性加强，物质就被磁化了。

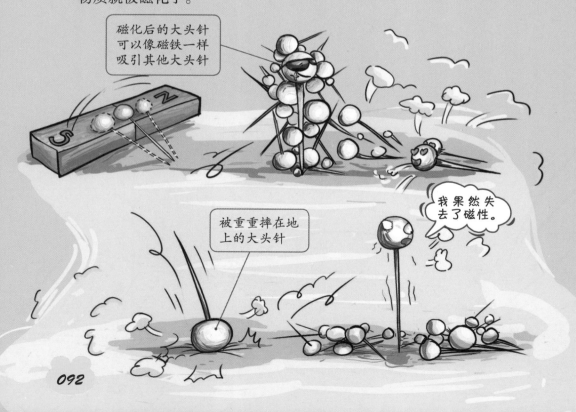

磁化后的大头针可以像磁铁一样吸引其他大头针

被重重摔在地上的大头针

我果然失去了磁性。

所以，磁铁的吸铁过程就是对铁块的磁化过程，磁化了的铁块和磁铁不同极性间产生吸引力，铁块就牢牢地与磁铁"粘"在一起了，也就是我们说的磁铁有磁性了。

实验中，我们的缝衣针也被强磁体给磁化了。缝衣针与强磁体的不同极性间相互吸引，针线就随着强磁铁"飞舞"起来了。

磁体的消磁

磁性材料并不是在任何温度下都具有磁性。著名物理学家居里研究发现，磁石加热到一定温度时，原来的磁性就会消失。后来，人们把这个温度叫居里点，也叫磁性转变点。磁铁的温度到达和超过居里点时，磁铁中的铁原子运动剧烈，原子磁矩的排列混乱无序，因此，磁铁的磁性消失；当温度低于居里点时，铁原子又规律地排列在一起，磁铁又恢复磁性。不同的磁铁，居里点也不同。

本实验中，针被烧红以后，温度超过了居里点从而导致针的磁性消失，针就不再围着磁铁飞舞了。

除此之外，磁化后的材料如果受到了摔打冲击，其中的各磁畴的磁矩方向会变得不一致，磁性也会减弱或消失。被磁化了的大头针，重重地摔在地上后，就会失去磁性。

自制简易电磁铁:
强大的电磁铁

你知道电磁铁吗?电磁铁有着比磁铁更强大的磁力。而且它很听人的话,磁力要强就强,要弱就弱,想有就有,想没就没,简直是人类压箱底的大法宝。在很多要用电来做的事情中,都能见到电磁铁的身影。电磁铁如此神奇,实际却很容易得到,使用简单的材料就能拥有一套电磁铁。一起来试试看吧。

强大又听话的电磁铁

自制简易电磁铁

实验难易指数：★★★★★

准备一号电池、透明胶带、剪刀、两根细电线、控制开关、铁钉和大头针。

先用剪刀小心地剪开、去掉两根细电线两端的外皮。将其中一根细电线从铁钉头部开始缠绕，相邻的圈之间紧密接触，但不要重叠，从头部一直缠绕到铁钉尖端，注意缠绕时细电线两端各留出一段。将这根电线的两端用胶带分别接在电池和控制开关的一端，再用另一根电线将电池和控制开关的另一端相连。

接通电源，将铁钉靠近大头针，大头针会被吸引到铁钉上，电磁铁就起作用了。切断电源，大头针便掉下，说明电磁铁的磁性又消失了。

正负极电线接通后，电池即通过线圈导电，铁钉将会变得很热，要注意不要烫伤自己。

铁钉被缠绕的圈数、电池的数量都会影响磁力的大小，你也来试一试吧。

电磁铁的原理

看到通电后的铁钉吸附大头针，是不是感觉很神奇？其中是什么原理呢？

原来，电和磁的关系密不可分。磁铁在一定感应作用下会发电，就跟发电机一样；而通电的金属也会产生磁场，这就是电磁效应。在我们的实验中，当电池的电流通过环形电线时，环形的电流会产生磁场。当中间有一根铁钉作芯的情况下，铁芯被通电螺线管的磁场磁化，相当于给铁钉加上了两个磁极，铁钉也变成了磁体。两个磁场互相叠加，使螺线管的磁性大大增强。这就成了电磁铁。

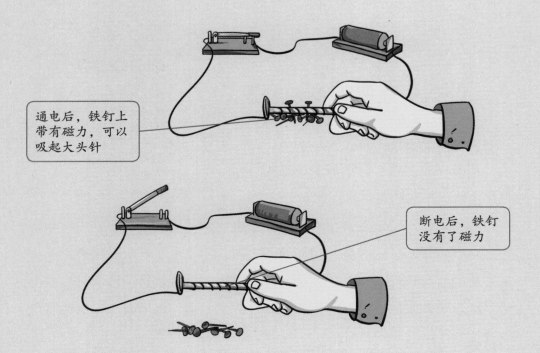

通电后，铁钉上带有磁力，可以吸起大头针

断电后，铁钉没有了磁力

　　电磁铁的优点多多：将电流一通或一断，就能控制电磁铁磁性的有无；改变电流的强弱或线圈的匝（zā）数，就能改变磁性的大小；改变电流的方向，就能够改变磁极的名称；等等。所以，它常常被用来解决生活中的实际问题。

电磁铁的应用

　　按照用途来划分，电磁铁主要有以下五种：①牵引电磁铁，用于开关阀门，以执行自动控制任务，比如用于控制车灯的闪烁与断开。②起重电磁铁，用来吊运钢锭、钢材、铁砂等铁磁性材料。③制动电磁铁，比如用于控制电动机进行准确停车。④自动电器的电磁系统。⑤其他用途的电磁铁，如磨床的电磁吸盘及电磁振动器等。

　　电磁铁在我们的日常生活中有着极其广泛的应用。我们家中的一些电器，比如全自动洗衣机，进水、排水阀（fá）门都是由电磁铁控制的。电话的听筒也应用了电磁铁。从话筒传来的声音，它的强弱振动改变了电流信号，此时，听筒里的磁体对铁片的吸引力也发生强弱变化，使铁

小贴士：让电磁铁更强大

电磁铁通常被做成条形或马蹄形，以获得更强的磁性。另外，为了使电磁铁断电后能立即消磁，它的铁芯通常会用消磁较快的软铁或硅（guī）钢材料来制作。这样的电磁铁在通电时有磁性，断电后磁性就迅速消失。这样一来，电磁铁的功能就更丰富了。

片振动起来，产生和对方说话相同的声音信号。

在生产活动中，电磁铁也有着重要用途。大型的电磁铁还被安装在吊车上，通电之后可以吸起大量钢铁。电磁选矿机根据不同矿物质的磁性不同，来分离不同的矿物质。变压器也是基于电磁感应原理工作的，用于升高或降低输电线路中的电压。

电磁铁还有很多其他用途。比如，超高速磁悬浮列车就是依靠列车底面和导轨电磁体之间的排斥而悬浮在空中的。再比如，电磁铁是磁共振成像（MRI）等医学成像设备的重要组成部分，它产生的磁场比地球磁场强很多。

电磁选矿机

嘿嘿，有我的话，辨认你们再简单不过了。

声音的美丽图案：
声音的共振和驻波

　　我们的生活几乎离不开声音。无论是大自然的风声、雨声，还是生活中的闹钟声、说话声，声音无处不在，同时我们也享受声音——比如音乐。我们了解声音有高低强弱的性质，可是你知道吗，声音也能绘制出美丽的图案。一起给声音准备一张"画纸"，让它来画出美丽图案吧。

高音演唱

正在进行高音演唱的歌手

用声音画出来的沙盘图案

啊~

让声音画出美丽图案

实验难易指数：⭐

准备废旧的塑料桶或较大的塑料罐，黑色的塑料薄膜，橡皮筋，粗颗粒食盐，口哨，手机。

将桶的底部去掉。然后将塑料薄膜剪成比桶口略大的圆形，再用橡皮筋固定在桶口。在薄膜表面均匀地撒一层盐粒。然后低头朝着桶口大喊。你会发现盐粒纷纷从塑料薄膜上跳起来。变换各种声音，看看盐粒是不是排出了不同的图案。

拿着哨子使劲吹，哨子的声音非常尖锐，看看盐粒排出的花纹是否变得更加多样、更加细腻。你也可以随手取一些其他能制造出声音的物品去尝试。你也许已经发现了，低频率的声音"创作"的图案很简单，当声音频率提高，图案会变得越发复杂。

你还可以用手机或小音箱播放音乐，并将它放进桶的底部，然后仔细观察图案的变化。看，这些美丽的图案似乎也在随音乐而舞。

哇，好厉害！

被高音震碎的玻璃杯

多变的克拉尼图形

声音通过发声体的振动产生。当演奏乐器、拍打一扇门或者敲击桌面时，这种振动会进一步引起介质——比如常见的空气分子——有节奏地振动，所以，发声物体周围的空气产生疏密变化，形成疏密相间的纵波，这就产生了声波。声波传入我们的耳朵，我们便听到了各种各样的声音。

最早证明声音是由振动产生，并通过波来传播的，是德国物理学家恩斯特·克拉尼。克拉尼在一块金属薄板上面均

小贴士：吼声也可以打碎玻璃

在电影和广告里，你是不是看过这样的场面：当有人高声吼叫时，他面前的玻璃杯也应声破裂。在现实中，这也是真的会发生的。因为，每个物体都有它固定的频率，如果我们发出声音的频率与物体的频率相符，物体就会发生共振。不过，一般只有经过长时间练习的音乐家才能做到这一点哟！

匀地撒上了细沙，然后使用小提琴的琴弓拉响薄板，结果薄板上的细沙便自动形成了美丽的图案。改变琴弓位置或拉弓方式，拉出的音调会随之改变，图案同时变换，这就是著名的克拉尼图形。

我们的小实验与克拉尼的实验相似。当你对着桶大叫的时候，塑料薄膜吸收了你的声音振动后，也开始振动起来；之后，铺在薄膜上的盐粒也随之一起振动。如果声波的频率接近薄膜的共振频率的话，薄膜的振动会更加明显，盐粒的振动也更加明显。在实验中，声波的振动通过图案清楚地呈现在我们面前。

克拉尼图形的原理和驻波

为什么沙子在金属薄板上会形成图案，也就是说为什么金属薄板上会出现不同的振动强度呢？原来，声波在传递过程中，如果遇到障碍物或传递介质的改变，将会发生反射，形成反射波，就好像海浪涌到岸边后，又会退回去一样。当金属薄板上的前进波遇到了障碍物形成反射波后，反射波与前进波发生共振，也就是两者叠加，结果就形成了驻波。

驻波分布在平面或曲面上，部分区域例如波腹处会强烈振动，而另一些区域例如波节处则不动。轻而小的沙子会从驻波振幅最大的波腹向振幅最小的波节处移动，就形成克拉尼图形。

驻波是自然界中一种常见的现象，在生活中无处不在。例如水波、乐器发声、树梢震颤等都与驻波相关。吉他这样的弦乐器与小号这样的管乐器，分别利用了弦上的和管中的驻波进行发声。当你拨动吉他的琴弦时，琴弦上会产生振动——驻波，振动又传到琴弦和琴桥，随后富有弹性的木质琴身承接了振动，使空气分子产生疏密变化，产生声波。

有时候我们也会控制不让驻波产生。比如，欣赏音乐剧、看电影最好是在剧场。这是因为，在家中的客厅或房间里空间太小，由此产生的驻波使回声与原来的声音产生共振，使得音质变差；而剧场则要空旷得多，而且墙面安装了吸音材料，驻波不易形成，从而能让人们感受震撼的音效。

声波传递到听众的耳中

这琴弦的声音真好听！

101

惊艳的纸杯音箱：
被聚拢的声音

你有没有注意过，有一些物体被做成喇叭状？我们向远处喊话总会不自觉地把双手围成喇叭状。再比如，很多景区的导游拿的扩音器也都是喇叭状的。你知道这是为什么吗？原来，这都是为了让声音更清楚地传到远方。今天我们来做一个纸杯音箱，看看大喇叭如何化平凡为惊艳，传递出美丽动人的声音。

惊艳的纸杯音箱

实验难易指数：★★★

准备一个手机，一个纸筒，两个纸杯，剪刀或美工刀一把，铅笔一支。

先根据手机短边的截面大小，在纸筒上画一个小矩形，然后用剪刀将小矩形口剪出来，便于之后放置手机。音箱的底座就差不多成型了。

音量超大

超强力自制纸杯音箱

两个纸杯是喇叭状的，接下来要把它们设计并安装在音箱的底座上，做成喇叭。先根据纸筒口的大小，在两个纸杯外壁上各画一个圆，然后用剪刀剪掉圆片。接下来，将两个开好口的纸杯分别安装在纸筒的两侧。现在，一个不花钱、不费电的音箱就做好了。当然你还可以在音箱表面

妈妈有喊我吗？

快走，开饭了！

人类为什么要把手围成喇叭状说话呢？

设计巧妙
的莺莺塔

小贴士：建筑中的扩音方法

在建筑设计中，人们巧妙地利用环境设计和简单的器材达到了精妙绝伦的扩音效果。北京天坛回音壁、四川省潼南区的石琴、河南蛤蟆塔、山西的普救寺莺莺塔被誉为中国古代的"四大回音建筑"。莺莺塔采用了具有良好声音反射性能的青砖筑成，塔身为空筒形，13层塔檐层层相扣构成巧妙曲线，收音效果非常好，以致2.5千米外传来的演唱声，在塔内听仿佛戏台就在面前一样。

做些装饰。用你的手机播放音乐，然后将手机放进音箱的插口。效果是不是很惊艳？声音好像既被放大了，又增加了一些质感，甚至还有立体环绕的感觉。

被聚拢的声音

声音有大小高低之分，还有音色方面的区别。声音的大小，也叫音量或者声音的响度。弹吉他的时候，手指对琴弦的用力重，声音的响度就大；手指用力轻，声音的响度就小。声音的响度是由声波的能量决定的，发音的时候能量越多，声音就越大。但为什么喇叭状的音箱会有扩音效果呢？

声音是以声波的形式在空气中传播前进的。如果没有阻挡，声音就会向四面八方散开。声音扩散的面越大，每个区域的声波里余下的能量就越少，耳朵就越难听到声音。喇叭是放大声音最自然、最有力的工具。喇叭会引导声波的运动，把传播到四面八方的声波挡住，并且让大部分的声波经过筒壁反射后汇聚起来朝同一方向扩散。所以，喇叭不但可以让声音传得更远，而且也可以让投射的地区声音更集中、音量更大。

实验中，我们正是通过纸筒和纸杯聚拢声音，做成了略带环绕效果的超酷音箱。

喇叭在生活中的运用

在自然界中，喇叭的运用无处不在，比如我们的嘴和耳朵。我们的耳郭就像喇叭一样把声音聚拢。所以，通常来说，耳郭越大，听力越强。有时候，我们为了听清楚别人的话，会把手罩在耳朵上，这样做是为了辅助耳郭，方便收集声音。我们说话时把手握成喇叭状，是为了让声音更集中地向某方向传播。

在古代，人们以喇叭为号角传递战情。现在的生活中，唢（suǒ）呐、号等乐器，还有音响、扩音器等设备，也都运用了喇叭传声。发明大王爱迪生，在他发明的留声机上加了一个大喇叭，这样用竹针从腊筒的刻纹上拾取的声音讯号传到小小的发声振膜后，本来只有叽叽喳喳的微小声音，经过大喇叭的扩音，音量瞬间扩大数十倍，让音乐充满整个房间。

用喇叭可以把声音放大很多倍呢。

钟声入耳：
声音的骨传导

每次用播放器播放自己说话的录音时，你是不是会产生这样的怀疑：这是自己的声音吗？为什么感觉很陌生，为什么它听起来跟自己平时感觉的完全不一样呢？一起用一个小实验来揭秘吧。

钟声入耳

实验难易指数：★

准备一个小闹钟和两小团棉花。将闹钟拿在手上，在安静的环境中听闹钟的"嘀嗒"声，静心感受一下声音的大小。

接下来，用牙齿咬住闹钟的把手，再用棉花将双耳堵住。这时候你听到闹钟走动的声音了吗？是的，你可以听到，甚至要比刚才听到的"嘀嗒"声更加清晰。如果你手头有一个音叉，可以咬住音叉，同时堵住双耳，用小木棒击打音叉，你仍然能很清楚地听到音叉震颤发出的声音。

为什么在你的双耳已经被堵住的情况下，还是能听到声音呢？

声音的传导

我们平时都是用耳朵听声。外界传来的声音引起空气有节奏地振动，接着又传入耳中引起鼓膜振动，这种振动产生的信号经过听小骨及其他组织传给听觉神经，听觉神经把信号传给大脑，人就听到了声音。

其实，声音不仅可以通过空气传播，还可以通过其他气体、液体或者固体传播。在水中，声音的传播速度大概是在空气中的 4 倍，所以钓鱼的时候要尽量安静，否则岸上稍微有一点儿动静，水里的鱼儿就会逃走。

在坚硬的固体介质中，比如，生铁、树木，或者骨头中，声音传播的速度是空气传播的 10 多倍。如果从很远的地方跑来一匹马，我们把耳朵贴在地上就能听到马蹄的声音。这比通过空气听到声音的速度快多了！

　　在实验中，当双耳被堵住的情况下，我们咬住闹钟或音叉，这时候我们听到的声音是通过牙齿、头骨、颌（hé）骨传导的。声音通过头骨、颌骨等身体骨骼传导至听觉神经引起听觉，科学上把这样的传导方式叫作骨传导。其实我们抓耳挠腮、挠头、刷牙、吃零食时，都是通过骨传感知声音的。回想一下，这些声音是不是很清晰很响亮呢。

骨传导的妙用

聋哑歌舞演员是怎样在双耳听不见的情况下，却依旧能够用优雅曼妙的舞姿表达出音乐的节奏，表现出音乐的内涵呢？因为这些演员几乎听不到音乐，无法感觉到韵律，所以她们在平

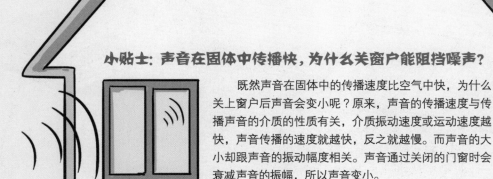

小贴士：声音在固体中传播快，为什么关窗户能阻挡噪声？

既然声音在固体中的传播速度比空气中快，为什么关上窗户后声音会变小呢？原来，声音的传播速度与传播声音的介质的性质有关，介质振动速度或运动速度越快，声音传播的速度就越快，反之就越慢。而声音的大小却跟声音的振动幅度相关。声音通过关闭的门窗时会衰减声音的振幅，所以声音变小。

时训练的时候，会将音量调到最大，然后趴在地板上或者站在木凳上，让音乐的振动通过地板或木凳，用骨传导的方式传递给她们。

据说，音乐家贝多芬在有了听力障碍后，创作时会用牙咬住木棒的一端，另一端顶在钢琴上来听自己演奏的钢琴声。他利用的也是骨传导的方式。

现在人们发明了骨传导助听器、骨传导耳机、骨传导手机、骨传导扬声器等，这样很多失去听觉的人借助骨传导的方式也能听到这个热闹喧嚣的精彩世界了。

其实在自然界中，骨传导也是一些动物用来感知世界的天然工具。生活在深海里的鲸鱼没有耳朵，但对声音却拥有超乎想象的灵敏。原来，鲸鱼是利用它的下颚（è）骨作为耳朵，利用骨传导的方式来感知水中的声音。蛇的听觉器官没有外耳和鼓膜，也同样对于外界声音的刺激十分灵敏，骨传导就是它"倾听"敌人声音的方式。

炫目的"天女散花"：
静电与静电感应

    一进入秋冬季节，干冷的空气让静电成了我们的"好朋友"。它总是出其不意地来到我们身边，奉上"精彩"的表演。脱换衣服时，它的出场伴着噼里啪啦的"电光石火"；触摸东西时，它一登场就让人"心惊肉跳"……这一次，我们主动邀它出场表演，为我们献上一场精彩的视觉盛宴吧。

炫目的"天女散花"

实验难易指数：★★★☆

准备一只新的塑料袋，一块干燥洁净的泡沫板，一块手帕，一个带绝缘柄的金属盘，少许轻薄纸屑和一根铁丝或铜丝。

把塑料袋套在泡沫塑料板外，然后将铁丝穿过塑料袋和泡沫板，并绕圈绑紧，接触实验桌面，作为导地线。用手帕反复摩擦套着塑料袋的泡沫板，使塑料袋带电。手持绝缘柄将金属盘置于泡沫板上，并确保金属盘接触了导地线。接下来，将小纸屑均匀地放在金属盘上。

手持绝缘柄将金属盘提起。猜想一下，会发生什么情景呢？你会惊奇地看到，金属盘上有很多小纸屑犹如天女散花一般，向上和四周飞散开来。再次将金属盘放在泡沫板上，然后再次拿起，小纸屑会再次出现漫天飞花的场景。

怎么样，你的"天女散花"演出也圆满成功了吧！

静电和静电感应

静电是一种处于静止状态的电荷。任何两个不同材质的物体接触摩擦后再分离，都可以产生静电。材料的绝缘性越好，越容易产生静电。

干燥天气，化学纤维质地的内衣、地毯、坐垫和墙纸等受到摩擦都能产生静电。当

人与人接触时也时常会出现静电

111

要释放完静电才能加油哦。

静电释放

小贴士：静电的危害

静电也会造成很多不利的影响甚至带来危害。例如，静电可以对电子元器件产生干扰甚至破坏。在加油站、工矿、油田、炼油厂、液化气站等单位，静电的隐患更大，它能将易燃气体、易燃液蒸汽引爆，造成火灾。在制药厂，静电会吸附尘埃使药品不纯，影响药品的质量。

你脱毛衣时，衣物摩擦，两种电荷发生中和就会放电，会出现电光石火的场面，并让你产生被轻微电击的感觉。家用电器使用时也会产生静电效应或在外壳上带电。比如，电脑屏幕常常因为静电而吸附粉尘，所以，每隔一定时间就要用干抹布做清洁。

当一个带电的物体与不带电的导体相互靠近时，由于电荷间的相互作用，导体内部的电荷重新分布，使导体带电，这种现象叫作静电感应。而且，导体的近端会感应与带电物体不同的电荷，远端则感应同种电荷。

静电感应现象被应用于很多领域。比如，工厂会利用静电场的作用，使烟气中悬浮的尘粒带电而被吸附、分离，起到烟气除尘的作用。汽车、机械、家用电器在制造时会使用静电喷涂技术，喷雾与带异种电荷的工件表面相互吸附，就会沉积成均匀的涂膜。除此之外，静电喷洒农药、激光打印机、静电纺纱和静电植绒都用到了静电感应。

"天女散花"的秘密

天女散花表演的成功，得益于静电和静电感应的作用。

手帕摩擦套着塑料袋的泡沫板，泡沫板通常带负电。这是因为手帕对电子的束缚能力弱于塑料袋，所以电子从手帕转移到了泡沫板。将不带电的金属盘靠近表面分布有负电荷的泡沫板，由于静电感应，金属盘上面、下面会分别感应有等量的负电荷和正电荷。

金属盘放在泡沫板上，金属盘上表面的负电荷通过导地线传给大地，金属盘下表面的正电荷受到塑料袋上负电荷的束缚不变。将纸屑均匀地撒向金属盘上表面，纸屑因为不带电而安静地待在金属盘上。

提起金属盘，断开了金属盘与导地线的接触，金属盘下表面的正电荷重新分布于上下表面，而上表面的纸屑也带了同种电荷——正电荷，同种电荷相互排斥，由于纸屑与金属盘电荷间的相互作用以及纸屑与纸屑电荷间的相互作用，金属盘上的小纸屑向上和四周飞散开来。

负电荷楼上集合！

正电荷楼下集合！

负电荷地面解散！

导地线

正电荷全体出动！天女散花

金属盘和纸屑都带有正电荷，同性相斥，纸屑飞散

自制铅笔芯灯泡：
灯泡发光的秘密

没有电灯时，人们用火把、煤油灯等照明

在灯泡发明之前，人们想在太阳下山后获得光明真是太不容易了，为此人们发明了蜡烛、火把和油灯。不过火的使用还是不够便利，有时候甚至还有一定的危险性。直到伟大的发明家爱迪生优化和普及了灯泡，光明才彻底将黑夜降服。一起来动手制作一个灯泡，体验一下当小小发明家的快乐吧。

爱迪生发明了第一盏具有实用价值的电灯

哇，这比蜡烛还要亮。

自制铅笔芯电灯泡

实验难易指数： ★★★★☆

准备一个玻璃瓶，四节一号1.5伏特的电池，两条较长的导线，四个鳄鱼夹，两个电池导电片，一个电气胶带，一小截蜡烛，一个打火机，一根0.5毫米的自动铅笔的笔芯，一把锥子，一把剪刀和少许纸黏土。

首先，制作电源和开关。将电池都串联起来，用电气胶带固定。串联后电池组的总电压是6伏特。在电池的正负极处用电气胶带分别固定一个电池导电片。

接下来，制作"灯泡"。用锥子在玻璃瓶的瓶盖上钻两个洞。将两条导线两头的胶皮剪断并剥下来，露出里面的铜线。然后将两条导线分别从洞口穿过瓶盖，用纸黏土或热熔胶封闭洞口。在两条导线两头分别接上鳄鱼夹（可以打结固定或者用电气胶带固定）。然后缩短瓶盖内侧的鳄鱼夹与瓶盖的距离，将一根铅笔芯夹在两个鳄鱼夹之间。将蜡烛点燃放进玻璃瓶中，然后拧上瓶盖。蜡烛燃烧一会儿后，会因为瓶中氧气耗尽而熄灭。一个"灯泡"制作完成了。

最后，接通电源。将两条导线另一端的鳄鱼夹分别连接在电池正负极处的导电片上，电路就接通了。注意观察，"灯

★ 实验开始前，应确保周围没有可燃物。
★ 实验中应佩戴防高温手套及护目镜，使用锥子和剪刀时应注意安全。
★ 实验结束后，应先切断电源，待玻璃瓶冷却到常温后，再处理废料。
★ 实验要在成人的监护下进行，并备好烫伤药及灭火器材。

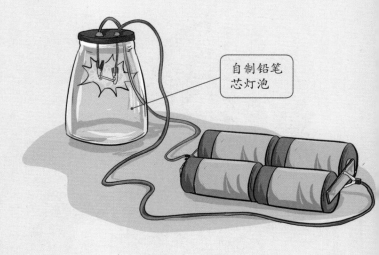

自制铅笔芯灯泡

丝"（铅笔芯）开始发热冒烟，并发亮。"灯丝"由红转橘，然后突然变成亮亮的白光。没多久，"灯丝"断成了两半，光亮瞬间消失。

注意，实验完毕后，先切断电源。待玻璃瓶的温度降下来后再打开瓶盖，处理里面的物体。

灯泡发光的原理

灯泡，准确地说是白炽灯，是将电能转化为内能，进而产生光能，以提供照明的设备。

灯泡是根据电流的热效应原理制成的。电灯泡能发光，跟里边的灯丝密不可分。通电后，电流通过灯丝（电阻丝）时产生热量，灯丝被加热到白炽状态（2000℃以上）就会发出光来，像烧红了的铁能发光一样。灯丝的温度越高，发出的光就越亮。灯泡的外层由玻璃制成，把灯丝保持在低压的惰（duò）性气体之中，作用是防止灯丝在高温之下氧化。

实验中，铅笔芯充当了灯丝。铅笔芯的主要成分是石墨，石墨是导体，所以铅笔芯是可以导电的。但由于铅笔芯是石墨碾（niǎn）碎后与黏土混合而成的，所以原子结构乱，导电性能并不强。在通电以后，铅笔芯温度不断升高，开始发出亮光，当温度达到熔点后断裂，光亮熄灭。

居然真的亮了！

如果不是提前点燃蜡烛将瓶子中的氧气消耗殆尽，铅笔芯可能会氧化断裂得更快，更早地熄灭。

爱迪生寻找灯丝

灯丝是灯泡的灵魂。在灯泡发展的漫长历史中，寻找适合的灯丝一直困扰着人们。早在19世纪前半期，就有人使用炭棒作为灯丝，发明了弧光灯，后来又有人用铂丝发明了白炽灯。但这两种材料都价格昂贵，不适合实际使用。爱迪生确定了白炽灯为研究方向后，就开始寻找合适的耐热材料作灯丝。

爱迪生经过不眠不休的努力，做了1600多次耐热材料和600多种植物纤维的实验，才制造出第一个碳丝灯泡，可以一次燃烧45个小时。经过不断的改良制造，后来又推出可以点燃1200个小时的竹丝灯泡。最后，爱迪生又将灯丝改成钨（wū）丝，燃烧寿命上升到2000个小时以上。就这样，因为爱迪生的不懈努力，灯泡普及到千家万户，夜晚的世界变得明亮了起来，人们的生活也更加多姿多彩了。

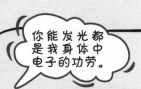

小贴士：电子的运动和灯泡发光

从微观角度来说，灯泡发光，得益于能量的转化和电子的运动。灯丝上有电流通过，实际上是自由电子的定向移动。电子会不断地撞击组成灯丝的原子，使得灯丝中的电子、原子核等微粒的平均速度加快，电能转换为内能，电子得到能量被激发后向更外层跃迁。电子在外层停留很短的时间又退回到原来的电子层，这时，电子会以光子的形式释放多余的能量，这样灯丝就发光了。

水果电池：
化学能与电能的转换

小小一枚电池储存着持续的电力，为我们的生活提供了极大的便利。它的电流是从哪里来的？想解决这个疑问，我们就来亲

手做一做电池吧，用水果我们就能
制作出电池来，一起动手吧。

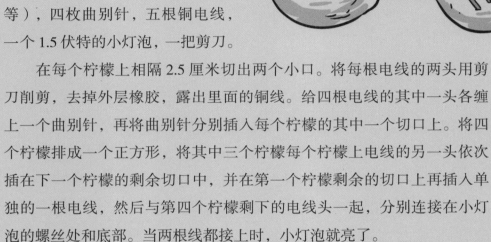

水果电池真的让
灯泡亮起来了

制作水果电池

实验难易指数：☆☆☆

准备四个水果（如柠檬、苹果
等），四枚曲别针，五根铜电线，
一个 1.5 伏特的小灯泡，一把剪刀。

在每个柠檬上相隔 2.5 厘米切出两个小口。将每根电线的两头用剪
刀削剪，去掉外层橡胶，露出里面的铜线。给四根电线的其中一头各缠
上一个曲别针，再将曲别针分别插入每个柠檬的其中一个切口上。将四
个柠檬排成一个正方形，将其中三个柠檬每个柠檬上电线的另一头依次
插在下一个柠檬的剩余切口中，并在第一个柠檬剩余的切口上再插入单
独的一根电线，然后与第四个柠檬剩下的电线头一起，分别连接在小灯
泡的螺丝处和底部。当两根线都接上时，小灯泡就亮了。

> **实验小贴士**
>
> ★ 使用剪刀时应注意安
> 全，可请成人协助或在成
> 人的监护下进行。

水果为何能发电？

把化学能转化成电能的装置，叫作原电池。而要构成原电池，需要
满足三个条件：一是由两种金属活动性不同的金属或由金属与其他导电
的材料组成电极材料；二是两电极必须浸泡在电解质溶液中；三是要有
导线连接两电极，形成闭合回路。

水果电池发电原理其实就是原电池的发电原理，水果中的果酸是一
种酸性电解质，它在水溶液中能够电离出带正电荷的阳离子和带负电荷

的阴离子，它是电的良导体。两种化学活泼性不一样的金属片插入水果中就会发生置换反应，带正电荷的阳离子移向不太活跃的金属片（正极），带负电荷的阴离子移向较活泼的金属片（负极），于是整个电路就产生了电荷的流动，也就产生了电能。

　　在我们的实验中，活泼金属铁（曲别针）和不活泼金属铜（铜电线）插在柠檬上，由于柠檬含有柠檬酸等电解质，连上导线后就形成了原电池。带正电荷的阳离子移向铜片，带负电荷的阴离子移向铁片，从而在水果中形成了电流，所以小灯泡就亮了。

化学能与电能的转换

　　随着科技的进步，电池泛指能产生电能的小型装置。利用电池作为能量来源，可以得到具有稳定电压、长时间稳定供电、受外界影响很小的稳定电流。而且，电池结构简单，携带方便，充放电操作简便易行，